내 강아지
마음 상담소

[혜:다]는 '헤아리다, 생각하다'라는 의미를 가진 옛말입니다. 사랑한다는 말 또한 이 '생각하다'에서 왔습니다. 무언가에 대해 깊이 생각하는 것, 이것이 바로 사랑이란 행위의 본질인 것입니다.

책을 통해 깊이 생각하고 그래서 무언가를 진정으로 알게 되면, 그 앎은 존재를 바닥부터 헤집어놓고 삶을 재구성하기 시작합니다. 그 작업은 어쩔 수 없이 상처받는 일이며 그 상처의 깊이만큼 우리는 성장할 것입니다. 이것이 [혜:다]가 지향하는 앎과 배움의 모습입니다.

내 강아지 마음 상담소

강아지 마음에 대한 소소한 질문들

강형욱 지음

이 책을 읽는 분들께

이 책은 〈강형욱의 소소한 Q & A〉라는 유튜브 방송의 내용들을 엮은 것입니다. 반려견과 살아가다 보면, 조금 뜬금없지만 궁금한 것들이 하나둘 생겨납니다.

강아지한테 미안할 때는 어떻게 사과해야 할까?
사랑한다는 마음은 어떻게 전달해야 할까?

이처럼 궁금하지만 누구한테 물어보기는 조금 애매한 질문들에 대해 저의 경험과 지식을 토대로 답을 드리고자 했습니다.

정확한 답이 있을 때는 최대한 명쾌하게 설명해 드렸고, 아직 답을 알지 못하는 것들은 그동안의 제 경험과 생각을 바탕으로 답변을 해 드렸습니다.

반려견과 함께 하시는 많은 분들이 이 책을 통해 좀 더 즐거운 삶을 누리시길 바랍니다.

저와 함께 살고 있는 반려견들을 소개합니다

첼시

12살 된 웰시 코기입니다.

제 아내 수잔과 미국에서 살다 한국으로 왔답니다. 아내를 만나게 해 준 소중한 친구인데, 어릴 때부터 저를 그렇게 좋아하지는 않았습니다. 아내가 저를 '임시 보호(?)'하고 있는 줄 알거든요. 하지만 저는 첼시랑 건강하게 오랫동안 살고 싶습니다.

다올이

올해 11살 된 보더 콜리입니다.

다올이는 저를 무지 좋아합니다. 저도 그런 다올이가 엄청 좋습니다. 다올이를 보고 있으면 항상 제게 헌신하고 양보해 준다는 느낌을 받습니다. 그래서 늘 애잔하고 마음이 쓰이는 친구입니다.

바로

진도믹스견인 바로는 우리 집 막내입니다.
벌써 4살이나 됐지만 아내와 제 마음속에서 바로는 늘 '막내'입니다. 가족들에게 항상 친절하게 대하고 언제나 예의를 지키려고 노력하는 친구랍니다. 아내와 제가 바로에 대해 얘기할 때 꼭 나오는 말이 "진짜 착해!"입니다. 바로는 정말 착합니다.

레오

저와 생후 57일 때 만나서, 2살 반 때 헤어졌습니다.
그리고 오랜 시간이 지나서야 다시 만날 수 있었습니다.
레오는 저와 몇 년 동안이나 떨어져 있었지만, 집에 돌아온 지 30분 만에 저를 알아봤답니다. 그 이후로는 저만 쫓아다니면서 한시도 떨어져 있으려고 하지 않습니다.
레오의 모습은 헤어지기 전 그대로이지만, 레오의 행동을 보면 그동안 얼마나 고생을 했는지가 헤아려져 마음이 아픕니다. 레오가 부디 우리 가족과 오래오래 살기를 바랍니다.

CONTENTS

PART 01 처음 읽는 내 강아지 마음

생뚱맞은Q&A

PART 02 강아지 마음속, 숨겨진 1CM를 찾아서

PART 03 그때, 강아지는 무슨 생각을 했을까?

생뚱맞은Q&A

PART 04 강아지들만 아는, 우리는 모르는

생뚱맞은Q&A

PART 05 강아지의 시선으로 바라보는, '전지적 강아지 시점'

생뚱맞은Q&A

PART 06 강아지로 산다는 것

생뚱맞은Q&A

PART 01

처음 읽는 내 강아지 마음

우리가 생각하는 강아지 교육은
'못 하게 하는 것'에 집중되어 있는 경우가 많아요.
짖지 않기, 움직이지 않기, 용변 아무 데나 보지 않기 등
온통 못 하게 하는 것투성이죠.

이런 교육 대신,
집이라는 낯선 공간에 잘 적응하도록 도와주고
좋은 사람들을 만나게 해 주고
편하게 쉴 수 있는 곳을 알려 주고
어디에 용변을 보면 칭찬 받을 수 있는지
깨닫게 해 주면 어떨까요?

이런 교육이라면 강아지도 즐겁게 받아들이지 않을까요?

Q

001

강아지에게 사과하는 방법이 있나요?

예, 있습니다.

저희 집 반려견 '다올이'가 동작이 좀 느려서 저도 실수로 다올이 발을 밟을 때가 있어요. 근데 이럴 때 많은 보호자들이 잘못하는 게 하나 있습니다. 미안한 마음에 "괜찮아?" 이러면서 얼굴을 막 만진다거나, 몸을 잡는다거나, 밟은 발을 만져 주기도 하는데 오히려 이런 행동들이 반려견들을 더 불편하게 할 수도 있답니다.

저 같은 경우는 이렇게 합니다. 강아지의 발을 모르고 밟으면 강아지가 '깽!'하면서 비명 소리를 내잖아요. 그러면 우선 저는 그냥 가만히 있어요. 그럼 강아지가 자기가 벗어나고 싶은 만큼 뒤로 가요. 그 다음엔 강아지가 밟힌 발을 내려놓고 괜찮은 표정을 지을 때까지 기다립니다. 괜찮아 보일 때쯤 앉아서 손을 내밀면 강아지가 제 쪽으로 다시 다가와요. 이런 행동을 일종의 '사과를 받아 준다'는 시그널로 생각해도 좋을 것 같아요. 만약 이때 다가오지 않고 뒤에 가만히 있다면 아직도 아픈 거라고 생각하시면 됩니다. 이때도 보호자가 먼저 다가가서 여기저기 막 만지고, 밟힌 데가 어딘지 보려고 강아지 발을 억지로 빼내지는 마세요. 그냥 옆에 가만히 있으면 강아지가 통증이 가라앉고 마음이 풀린 다음 보호자한테 다가올 겁니다. 어쩌면 이게 가장 좋은 사과의 방법일 수 있어요.

반드시 기억해야 할 것은 "괜찮아? 괜찮아? 너무 미안해! 아프지?" 이렇게 사람한테 하는 것처럼 행동하지 말아야 한다는 겁니다. 제가 말씀드린 대로만 해도 반려견들은 우리들의 사과를 흔쾌히 받아 줄 거예요.^^

Q 002

발바닥 털, 꼭 깎아 줘야 하나요?

어…, 그럴 수도 있고 아닐 수도 있습니다.

산책을 제대로 못하거나 아파서 입원 중인 반려견이라면 길게 자라난 발바닥 털 때문에 마루 같은 곳에서는 미끄러질 수도 있습니다. 그럴 때는 발바닥 털을 좀 다듬어 주는 것이 더 낫겠죠.

그런데 이런 게 있어요. 산책을 매일 하거나 바깥에서 계속 활동을 하는 반려견들의 경우, 발바닥 털은 자연스럽게 잘려 나가면서 적당한 길이로만 자랄 겁니다. 한마디로, 발바닥 털이 길어서 꼭 잘라 줘야 한다는 말은 산책을 잘 하지 않았다는 증거인 것이죠. 발바닥 털 때문에 고민이라면 강아지와 함께 산책을 해 보세요! 꾸준히 산책을 하다 보면 강아지한테 딱 알맞은 길이의 발바닥 털이 생길 테니, 굳이 미용실에 가거나 고생스럽게 직접 가위를 들고 잘라 줄 필요가 없겠죠?

강아지들에게 발바닥은 무척 예민한 곳 중 하나입니다. 그러니 어린 강아지의 발바닥 털을 꼭 잘라 줘야 한다면 가위로 조금씩만 잘라 주는 것이 좋습니다. 특히 6개월 미만의 강아지라면 아직 발바닥에 굳은살이 많지 않기 때문에 더 조심해야 합니다. 클리퍼clipper를 사용해 털을 깎다 보면 뜨거워진 클리퍼 날 때문에 발바닥에 상처가 생길 수도 있는데 이런 경험을 한 강아지들은 나중에 발바닥 만지는 것 자체를 싫어하게 될 수도 있거든요.

앞으로 꼭 발바닥 털을 잘라 줘야 한다면 가위를 사용해서 위로 삐져 나온 부분만 조금씩 잘라 주는 것은 어떨까요? 물론 습진에 걸렸거나 치료를 목적으로 발바닥 털을 깎는 것은 괜찮답니다.

Q

003

강아지 눈을 똑바로 쳐다보면 안 되나요?

일부러 마주치는 건 좋지 않습니다.

강아지가 너무 사랑스러워서 눈을 마주치며 쓰다듬어 주고 싶은데 강아지가 제 눈을 자꾸 피하는 것 같아요. 눈을 쳐다보는 건 싸우자는 표현이라고 들었는데 그래서 피하는 걸까요? 눈을 마주쳐도 되는지 알려 주세요!

반려견들은 눈을 쳐다보는 것 자체에 대해 경계심을 가지고 있어서 일부러 낯선 강아지의 눈을 쳐다보는 것은 좋지 않습니다. 하지만,

내 반려견이라면 조금 다르죠. 어렸을 때부터 "사람하고 눈을 마주치는 것은 어려운 일이 아니야. 어떤 사람이 네 눈을 쳐다본다고 해서 너를 위협하는 건 아니란다." 이런 교육을 하면 좋을 것 같아요.

사람들은 평소 서로의 눈을 마주보며 이야기도 하고, 칭찬도 하고, 여러 가지 활동들을 하잖아요. 근데 이런 행동들은 눈 마주치는 것을 좋아하지 않는 반려견들의 오해를 불러올 수 있어요. 이럴 때 강아지와 함께 하면 좋은 교육이 있습니다. 'WATCH'라는 것인데요. 자, 한번 따라해 보세요.

1단계 | 강아지가 좋아하는 간식을 들고 가만히 서 있는다.
강아지가 내 눈을 쳐다보면 "YES!"하고 간식을 준다.

2단계 | 간식이 든 손을 강아지의 시야에서 점점 먼 곳으로 옮긴다.
이때 강아지가 간식을 보지 않고 나를 보는 순간 "YES!"하며 간식을 준다.

3단계 | 강아지와 눈이 마주치면 "WATCH!" 또는 "봐 봐!"라고 말하며 간식을 준다.
강아지가 이 말에 익숙해지면, 이번엔 먼저 "WATCH!"라고 말하고 그때 나를 쳐다보면 "YES!"하면서 간식을 준다.

이렇게 강아지와 함께 눈 마주치는 연습을 하면 사람들의 행동에 대해 오해도 좀 덜 하고, 다른 사람들하고도 친하게 지낼 수 있지 않을까 싶습니다.

Q

004

웅얼거리는 강아지, 뭔가 말하고 싶은 걸까요?

맞습니다!

강아지가 자꾸 웅얼대는데 그 이유가 뭔지 묻는 분들이 많습니다. 보호자의 얼굴을 바라보며 웅얼거리기도 하고 목욕하러 욕실에 들어갔을 때도 뭐라 정확히 표현하기 힘든 소리를 내며 끙얼거리기도 하죠. 이런 모습을 볼 때마다 강아지가 기분이 좋아서 그러는 건지 아니면 뭔가 말하고 싶은 게 있어 그러는 건지 궁금해하시는 분들이 많을 텐데요.

이런 경우 어쩌면 보호자가 평소 강아지하고 이야기를 많이 하는 타입일 수 있습니다. 평소 “어, 그랬어? 이랬어? 어휴, 왜 그랬어!” 이런 식으로 강아지에게 말을 건네는 거죠. 사실 보호자가 건네는 이런 말들은 강아지에게 ‘오우어, 우아응, 워우엉~’ 이렇게 들릴 수 있거든요. 평상시에 이런 소리를 자주 들은 강아지일수록 ‘오앙, 우어, 워우엉~’과 같은 소리를 내는 경우가 많습니다. 이런 소리들의 의미는 “이거 어떡하지? 보호자님 어떡하죠?” 이 정도인데, 강아지가 걱정과 근심에 쌓였을 때 보이는 행동이라고 생각하면 됩니다.

강아지한테 말을 많이 하면 강아지들은 보호자가 불안해하고 있다고 착각할 수 있습니다. ‘아, 우리 보호자가 또 낑낑거리네, 오늘도 우울한가 봐.’ 이렇게 생각하고 ‘그럼 내가 할 수 있는 게 뭐지?’ 이런 고민을 하면서 같이 낑낑거린다거나, 문제를 해결하기 위해 주변을 왔다 갔다 하기도 하죠. 그러니 평소에 ‘보호자’라는 이름에 걸맞게 좀 더 의연하게 행동하고 강아지한테 일방적으로 하는 대화를 조금씩 줄여 나가면 반려견이 보이는 이런 행동들이 차츰 사라지지 않을까 싶습니다.

사실 사람들이 건네는 이런 수다를 강아지들은 별로 좋아하지 않아요. 또 하나 안타까운 게, 이렇게 수다스럽게 낑낑거리는 강아지들은 다른 강아지들에게 인기가 좀 없어요. 말을 하는 강아지보다 행동과 표정이 풍부한 강아지가 훨씬 더 인기도 많고 건강한 강아지라고 할 수 있답니다. 그러니 앞으로 강아지한테 말 거는 걸 조금만 줄여 보세요!

Q

005

자기 냄새를 다른 강아지가 못 맡게 하는데, 왜 그러는 걸까요?

쑥스러워서 그러는 거예요.

다른 강아지를 만나면 엄청 좋아하는데 자기는 상대방의 냄새를 맡으면서 정작 자기 냄새는 못 맡게 엉덩이를 피해요. 그러면 상대편 강아지가 짖더라고요. 자기 정보를 주기 싫은 걸까요?

정확히 말하면, 자신의 정보를 주기 싫어서라기보다 자신의 정보를 다른 강아지가 아는 게 쑥스러운 거예요. 아직 사회화가 덜 된 친구들, 그러면서 한편으론 다른 강아지들과 친해지고 싶어 하는 친구들이 이런 행동을 많이 한답니다.

이런 친구들은 가능하면 먼저 침착한 강아지들을 만나 친해지는 연습을 하는 게 좋습니다. 이런 경험을 충분히 한다면 새침하게 굴던 성격도 조금은 너그럽게 바뀔 수 있죠. 이게 바로 사회화의 목적이랍니다. 그리고 이렇게 내가 친구한테 도움을 받았다면 나중에 다른 강아지를 돕는 걸로 갚는 거예요. 자신처럼 소심하고 경험이 적은 친구의 순조로운 사회화를 위해서 말이죠.

제 생각에는 좋은 친구들을 만나서 올바른 사회화 과정들을 밟다 보면 지금보다 훨씬 건강한 행동을 하지 않을까 합니다.

Q 006

강아지 교육,
생후 6개월에 시작하면 너무 늦나요?

너무 늦지도, 빠르지도 않습니다.

어린 강아지를 대상으로 하는 교육이란 '사회화 교육'을 말합니다. 일반적으로 생후 3주부터 15주까지의 강아지들은 경험하는 모든 것들을 긍정적으로 받아들일 수 있는 필터 같은 것을 가지고 있다고 해서 이때를 '사회화 시기'라 부르기도 하죠. 그러나 생후 6개월이라고 해서 결코 늦은 것은 아닙니다.

강아지 교육을 언제부터 시작해야 하냐고 묻는 분들이 있는데, 강아지 교육은 내 집에 처음 왔을 때부터 시작하는 거랍니다. 근데 우리가 생각하는 교육은 '못 하게 하는 것'에 집중되어 있는 경우가 많아요. 짖지 않기, 말 잘 듣기, 움직이지 않기, 용변 아무 데나 보지 않기 등 온통 못 하게 하는 것투성이죠.

이런 교육 대신, 강아지가 처음 집에 왔을 때 재밌게 적응할 수 있게 도와주고, 집이라는 공간을 좋아하게 만들어 주고, 좋은 사람들을 만나게 해 주고, 편하게 쉴 수 있는 곳을 알려 주고, 어디에 용변을 보면 칭찬 받을 수 있는지를 깨닫게 해 주면 어떨까요? 이런 교육이라면 강아지도 즐겁게 받아들이지 않을까요?

Q

007

낯선 사람을 더 반기는 강아지, 보호자를 인식 못 하는 건가요?

보통, 성격이 좋은 강아지들이 그렇습니다.

산책을 하다 지나가는 사람들만 봤다 하면 귀까지 뒤로 넘기고 엉덩이를 신나게 흔들면서 따라가는 강아지들이 있습니다. 저희 집 반려견 '첼시'도 그런답니다. 이럴 때 보호자는 자신보다 낯선 사람을 더 따르고 좋아하는 것 같아 섭섭한 마음이 들기도 하죠. 내 강아지가 아직 보호자가 누구인지 정확히 인식을 못 하는 것은 아닌가 걱정이 되기도 할 겁니다.

그러나 걱정할 필요는 없습니다. 이런 행동은 '포괄적 사회성'이라고 해서 모든 사람을 좋아하고 모든 친구를 좋아하는 강아지들 즉, 성격이 좋은 강아지들이 보이는 특성일 뿐입니다. 보통은 한 살 미만의 강아지들한테 많이 나타나는데, 강아지가 자라서 어느 정도 독립심이 생기면 내가 정말 좋아하는 보호자하고의 관계가 더 강화됩니다.

그래도 이건 예쁜 모습이에요. 보호자로선 가끔 서운한 마음이 들고 속상하겠지만(어떤 마음인지 저도 알아요. ㅠㅠ), 걱정은 하지 마세요.

Q

008

반려견의 명절 스트레스, 줄여 줄 방법이 없을까요?

있죠, 분명히 있습니다!

반려견이 있는 집들은 명절 때면 강아지를 맡길 곳이 마땅히 없어 고향 집에 데리고 가는 경우가 많습니다. 근데 명절엔 친척들도 많이 찾아오고 어린아이들도 많이 모이기 때문에 강아지들이 스트레스를 받을 확률이 높죠. 보호자 입장에선 강아지들의 명절 스트레스를 줄여 줄 수 있는 방법이 없을까 한 번쯤 고민을 해 봤을 겁니다.

강아지를 본 친척 어른들이 다가와 다짜고짜 "앉아! 손! 빵!" 이런 것들을 시킬 때 또는 어린아이들이 "내놔, 내가 강아지랑 놀 거야!" 이러면서 강아지를 마치 장난감 다루듯이 할 때 반려견들이 스트레스를 많이 받을 수 있습니다. 이 스트레스가 도저히 감당이 안 되는 강아지들은 대놓고 아이들을 싫어하거나 아니면 이빨을 내보이며 으르렁거리기도 하죠. 이때 강아지들은 "나한테 오지 마, 나 가지고 장난치지 마!"라고 말하고 있는 겁니다.

이런 걸 알려 줘도 아이들은 여전히 강아지에게 관심을 보이며 만지고 싶어 할 텐데 그럴 땐 아이들을 밖으로 데리고 나가서 강아지와 같이 산책을 하거나 뛰어놀게 해 주세요.
그리고 틈틈이 강아지에게 쉴 시간을 꼭 주셔야 해요. 만약 켄넬을 좋아하는 강아지라면 아무도 없는 방에 켄넬을 놓고 그 안에서 강아지가 편히 쉴 수 있게 해 주세요. 강아지의 스트레스를 줄여 주는 데 훨씬 도움이 될 거예요.

이런 방법들을 쓰면서 보호자가 조금만 더 세심하게 살핀다면 우리 반려견들도 즐거운 명절을 보낼 수 있겠죠?

Q

009

바닥에 뒹구는 강아지,
등이 가려운 건가요?

그럴 수도 있는데, 아마 다른 이유가 있을 겁니다!

저희 강아지는 카펫이나 잔디 위에서 항상 뒹굴어요. 늘 왔다 갔다 하는 집 앞 복도에서도 뒹구는데 혹시 등이 가려워서 그러는 걸까요?

사실 제가 처음엔 그곳에 대변이 있을 거라고 답하려 했거든요. 근데 카펫 위나 복도에 대변이 있을 리는 없잖아요. ㅎㅎ

보통 개들이 어딘가에서 뒹구는 건 그곳에서 나는 냄새를 몸에 묻히기 위해서랍니다. 저도 최악의 사건을 겪은 적이 있습니다. 예전에 저희 첼시가 썩은 생선 위에 몸을 비벼댔던 적이 있어요. 그리곤 저를 향해 다가오는데 그땐 정말로 '피해야겠다!'라는 생각밖엔 안 들더군요. '얜 내 개가 아냐!!!' 이렇게 부인하고 싶을 정도로 정말 냄새가 지독했답니다. 근데 녀석은 활짝 웃으면서 저한테 다가오더라고요.

저희 다올이의 경우는, 일곱 살 정도까지는 바닥에 등을 비비는 '흙목욕'을 하지 않았어요. 근데 시간이 좀 지나고 성격이 밝아지더니 바닥에 등을 비비거나 어떤 냄새를 자기 몸에 묻히려는 행동들을 정말 많이 하더군요. 요즘엔 주로 지렁이나 고양이 똥, 토끼 똥 등 하여튼 냄새나고 지저분한 것들을 몸에 마구 묻힌답니다.

사연 속 강아지가 카펫이나 복도에서 이런 행동을 하는 건 거기서 뭔가 몸에 묻히고 싶은 냄새가 난다는 건데…. 혹시 카펫 사이에 딱정벌레 한 마리가 죽어 있는 건 아닐까요? 뭐, 그럴 수도 있잖아요? 아니면 집안에 발 잘 안 닦는 사람이 있나? ㅎㅎㅎㅎ 농담이고요, 보호자님의 집은 깨끗할 거라고 믿습니다. 아무튼, 냄새의 원인을 꼭 찾아내시길 빌어요.^^

Q 010

외출할 때 강아지를 위해 불을 켜 놓는 게 낫나요?

맞습니다!

많은 보호자들이 궁금해하는 질문입니다. 외출할 때 불을 켜 놓아야 하는지, 끄고 나가는 게 더 좋은지 헷갈리시죠? 사실, 온 집 안을 다 환하게 해 놓고 나가는 것도 나쁘지 않고, 불을 모두 끄고 나가는 것도 나쁘지는 않아요. 그러나 제가 추천하는 방법은 방이나 거실에 있는 불 중에서 하나만 켜 놓고 나가는 겁니다.

보통 개들은 어두운 곳에서 조금 더 편안하게 쉴 수 있어요. 근데

반려견들이 어두운 걸 좋아한다고 완전히 깜깜하게 해 두고 나가면 보호자가 돌아올 때 혹은 문 밖에서 누군가 왔다 갔다 할 때 강아지들이 좀 놀랄 수 있어요. 자기는 완벽하게 숨어 있다고 생각했는데 느닷없이 문이 열리니까, 갑작스러운 외부 자극에 깜짝 놀랄 수밖에 없는 거죠. 이런 경험을 반복적으로 한 강아지는 나중에 배달 음식을 시켰을 때나 택배가 왔을 때 더 경계하는 모습을 보일 수 있습니다.

저 같은 경우는 화장실 불을 켜 두거나 너무 환하지 않은 조명을 하나쯤 방에 켜 놓고 나가요. 그러면 강아지들이 어떨 땐 조명이 켜진 방에 들어가 있다가 어떨 땐 어두운 거실에 나와 있다가 하면서 자신의 기분을 조절하는 것 같더라고요. 그러니 환하게 켜 놓거나 아주 어둡게 해 놓는 것보다는 조명 하나 정도만 켜 놓고 나가는 게 훨씬 더 좋지 않을까 합니다.

Q 011

매일 같은 간식을 주면 질릴까요?

그렇지 않습니다!

어떤 보호자들은 강아지한테 같은 간식을 매일 주면 질릴까봐 대용량 간식을 살 때마다 걱정이 된다는 말씀을 하시는데요. 이런 질문을 하는 분들이 실제로 굉장히 많아요.

정확히 말하면 '질려서'가 아니고 '배불러서' 안 먹는 겁니다! 사람도 그렇겠지만 반려견들도 기본적으로 조금 허기진 상태에서 먹는 간식을 맛있어 해요. 마냥 배가 불러 있을 땐 무엇을 줘도 안 좋아할 겁니다.

한 가지 간식을 꾸준히 좋아하는 강아지들도 무척 많아요. 그게 사료든 간식이든 강아지가 잘 안 먹는다면 내가 지나치게 강아지의 배를 불리고 있는 것은 아닌가 생각해 봐야 해요. 제가 평소에 보호자들한테 "강아지한테는 주전부리가 필요 없다!"고 자주 말씀드리거든요. 우리 모두는 보호자 입장에서 강아지 교육도 잘 시켜야 하고, 도시에서 살아가는 삶에 잘 적응도 시켜야 하잖아요. 먹는 것도 중요한 교육 중의 하나인데, 항상 과도할 정도로 배불리 먹이고 툭하면 입가심하라고 간식 주고 이러면 그 강아지는 아마 나중에 뭘 줘도 잘 먹지 않게 되고 어떤 간식이든지 쉽게 질리게 될 거예요.

어떤 음식이나 간식에 질린다는 것, 이 태도 자체가 보호자한테 집중을 덜 하고 있고 무언가를 배우려는 마음이 차츰차츰 없어지고 있다는 증거랍니다. 그러니 강아지가 질리지 않게 간식 좀 줄이세요.

여하튼, 조금 허기지게 하면 강아지는 어떤 간식이든 다 좋아합니다!

Q
012

강아지를 병원에 입원시키면 버려졌다고 생각할까요?

아닐 겁니다, 아니길 바랍니다.

강아지가 장기 입원하고 있습니다. 근데 면회를 가면 오히려 강아지가 '보호자랑 집에 가는 줄 알았는데 날 또 놔두고 가 버리네.' 이러면서 더 슬퍼할 수도 있다고 해서 몰래 보고 돌아온답니다. 실제로 만나서 인사를 하는 것보다 차라리 몰래 보고 오는 것이 더 반려견을 위하는 방법일까요? 한 달 반 정도 입원할 예정입니다.

반려견들이 몸을 다쳐서 병원에 입원하게 되면 어쩔 수 없이 가족들하고 떨어져 지내야 하잖아요. 이때 강아지들은 자신이 치료를 받기 위해 가족들과 떨어져 있다는 생각을 잘 못합니다. 아마도 대부분의 반려견들은 '버려졌다'기보다 '보호자가 곧 나를 찾으러 오겠지?' 이런 생각을 할 거예요. 조금 예민하거나 겁이 많은 강아지라면 버려졌다고 생각할 수도 있겠지만 성격이 밝은 강아지라면 아마 '보호자님이 잠깐 어딜 갔나 보다.'라고 생각할 수 있어요.

면회 문제는 병원마다 입원실의 환경이 다르니까 거기에 맞추셔야 할 것 같습니다. 면회 때문에 들락날락거리는 강아지들이 너무 많으면 함께 입원해 있는 다른 반려견들이 힘들어 한다고 하더군요. 이 문제는 강아지가 입원해 있는 병원의 수의사님, 간호사님과 상의해서 결정하는 게 좋을 것 같습니다. 그분들이 말씀하시는 대로 하시는 게 아마 강아지를 위하는 가장 좋은 방법일 거예요.

Q

013

배변 후 뒷발을 차는데, 혹시 자기 발을 닦는 건가요?

아니에요!

강아지들이 산책 가서 배변을 할 때 보면 다 싸고 난 후에 뒷발로 땅을 차곤 하죠. 집 안에서도 배변을 한 후 화장실 앞에 놓인 발매트 위에서 뒷발을 박박 차는데, 이 모습을 보고 혹시 자기 발이 더러워졌다고 생각해서 닦는 행동은 아닌지 궁금해하는 분들이 있어요. 정답은, 아닙니다.

반려견들은 대변을 보고 난 다음 그걸 주변으로 퍼트리고 싶어 해요. "세상아, 나의 냄새를 맡아라!", "나, 여기 왔다 갔어! 여기, 너~무 조아!" 이런 심정으로 뒷발질을 하는 것이지 결코 발을 닦는 행동이 아니랍니다.

자존감이 높고 자신만만한 친구들은 소변을 보고도 뒷발차기를 해요. 심지어는 용변을 안 봤는데도 그냥 뒷발차기를 해요. 막 해요, 막! ㅎㅎㅎㅎ

그래도 괜찮으니까 너무 걱정하지 마시고요, 발등 조심하세요.^^

Q

014

방석이나 바닥을 파는 이유, 자기 자리를 만드는 건가요?

맞습니다!

많은 강아지들이 자꾸 방석이나 땅바닥을 파는 행동을 합니다. 그 밑에 아무것도 없는데 말이죠. 이것은 자기 자리를 만드는 행동입니다. 보호자가 이불을 주면 굳이 그 이불을 파서 옆으로 밀어내고 이불과 바닥 사이로 들어가기도 하는데요. 사실 이것은 땅을 판다기 보다, 땅을 파서 나온 것들을 옆에 쌓아 두고 그 뒤에 숨으려 하는 것입니다. 쌓아 올린 흙이나 이불을 이용해 자신을 가리려는, 일종의 '엄폐물'을 만들려는 행동인 것이죠.

근데 보호자들은 그걸 보고 "아이고! 내가 예쁘게 깔아 줬는데 그걸 그렇게 파헤치면 어떡해!" 이러면서 강아지를 이불에서 들어 올리고 다시 예쁘게 깔아 주죠. 그러면 강아지는 다시 파헤치고, 그러면 또 보호자가 정리하고 강아지는 다시 파고….

으악, 이건 말도 안 되는 일이거든요! 팠다고 뭐라고도 하지 말고, 다시 깨끗하게 깔아 주려고도 하지 말고, 그냥 강아지가 마음껏 파게 해 주세요. 괜찮습니다!

Q

015

전화기 너머의 목소리도 강아지가 알아듣나요?

알아듣기도 합니다!

엄마가 저랑 통화할 때 스피커폰으로 해 두고 강아지한테 제 목소리를 들려주세요. 그러면 전 열심히 강아지 이름을 불러대는데, 과연 강아지가 제 목소리를 알아들을까요?

서도 궁금해서 저희 강아지들 데리고 많이 해 봤거든요. 그러면 가끔 자기 이름이 들릴 때마다 귀를 쫑긋쫑긋 하기도 해요. 근데 반려견들은 기본적으로 시야에 보일 때만 그 존재가 있다고 확신을 합

니다. 그래서 어떤 목소리를 들었을 때 그 사람이라고 유추할 수는 있지만 그 사람이 이 공간에 있는지 없는지 판단하지 못할 때가 있죠. 인식하는 정도는 개체마다 조금 다른 것 같아요.

여러분도 한번 해 보세요! 전화기 너머에서 보호자의 목소리가 들리면 어떤 강아지들은 그냥 가만히 있고, 어떤 강아지들은 귀를 쫑긋거리기도 하고, 어떤 강아지들은 실제로 '보호자가 왔나?'하고 찾아다니기도 한다니까 한번 확인해 보는 것도 좋을 것 같습니다.

참고로, 강아지들은 몸짓과 표정 등 눈에 보이는 걸 굉장히 중요하게 생각합니다. 바쁘다고 맨날 전화만 하지 마시고요, 강아지들 만나러 빨리빨리 집에 들어가세요. 그러면 강아지들이 전화로 목소리 들려주는 것보다 훨씬 더 좋아할 겁니다.^^

Q 016

강아지도 집이 더러우면 싫어하나요?

그렇지는 않습니다.

🐾 강아지들도 집 안이 더러우면 싫어할까요? 청소를 했는지 안 했는지, 집 안이 더러운지 깨끗한지 구분할 수 있을까 궁금하다는 질문을 받았습니다.

'더럽다, 더럽지 않다'라는 청결에 대한 기준이 사람과 강아지가 조금 다르답니다. 반려견들은 모래나 나뭇잎 혹은 자신의 털이나 다른 강아지의 털이 바닥에 떨어져 있는 것에 대해서는 그다지 개의

치 않아요.

그런데, 음식은 좀 다르죠. 가끔씩 과자 부스러기들이 떨어져 있는 경우가 있잖아요. 아니면 강아지용 장난감들이 여기저기 널브러져 있기도 하고요. 이런 걸 보면 강아지들은 '더러워서 싫어!'가 아니라 '이 음식이 왜 여기 있지?', '왜 이 장난감이 여기 있지?' 이런 생각들을 한답니다.

오물이나 강아지의 대소변이 떨어져 있는 경우엔 어떨까요? 집 안에 이런 것들이 아무렇게나 방치돼 있으면 강아지들은 굉장히 불쾌해 하고 견디기 힘들어 합니다. 내가 자고, 쉬는 공간에 썩거나 불쾌한 냄새가 진동하는 것들이 있다는 것, 반려견들은 이런 상황에 대해 강한 경계심을 가지고 있어요.

이런 것들을 잘 치워 주지 않으면 반려견들은 다음과 같은 이상 행동을 훨씬 더 많이 보입니다.

첫 번째, 용변 실수를 많이 할 수 있습니다.

두 번째, 내 위치가 노출되었다는 생각 때문에 굉장히 불안해할 수 있습니다.

세 번째, 대변에 대한 개념이 아예 없거나 대소변을 자주 자신의 몸에 묻히기도 합니다.

이런 행동을 보이는 친구들은 굉장히 불안한 상태일 수 있으니 반려견 행동 전문가와 상의를 하는 게 좋습니다.

여하튼, 강아지들도 깨끗한 걸 좋아하지만 사람들이 생각하는 그 정도의 청결함은 아니랍니다. 대신, 오물이나 음식들이 널브러져 있는 것은 싫어하니까 꼭 기억해 주세요.

Q

017

종일 놀아 달라는 강아지, 괜찮은 건가요?

아주 괜찮아요!
하지만, 방법을 조금 바꾸면 좋을 것 같아요.

아침에 눈떠서부터 잠들기 직전까지 장난감을 물고 와서 계속 놀아 달라고 하는 강아지들이 있습니다. 이런 경우 계속 놀아 줘야 하는 건지, 문제가 있는 행동은 아닌지 걱정이 되기도 할 텐데요. 아마도 보호자가 놀아 달라는 강아지의 부탁을 잘 들어 주는 편이겠죠.

그렇다면 순서를 조금 바꿔 보는 건 어떨까요? 강아지가 놀아 달라고 할 때 놀아 주세요. 10분, 20분 막 놀아 주다가 강아지가 쉬려고 하면 5분 정도만 같이 쉬세요. 그리곤 강아지가 또 놀아 달라고 하기 전에 내가 먼저 "놀자!"라고 하는 거예요. 그렇게 한 대여섯 번쯤 보호자가 먼저 놀아 줘 보세요. 그렇게 하다 보면 나중엔 강아지가 먼저 "아읏, 못하게써어어~~~!" 이럴 걸요?

다음엔 꼭 한번 이렇게 해 보세요. 보호자님, 파이팅!

Q 

018

보호자한테서 다른 강아지 냄새가 나면 질투하나요?

아…, 당황할 수 있어요.

동물병원에서 근무 중입니다. 일의 특성상 매일 다른 강아지의 냄새를 묻히고 돌아오는데 강아지가 저를 반겨 줄 때마다 냄새를 한참 맡습니다. 보호자에게 매일 다른 강아지 냄새가 나면 강아지가 질투할까요?

몸이 아픈 강아지나 중성화 수술을 하지 않은 수컷들한테는 그들만이 가지고 있는 특유의 냄새가 있는 것 같아요. 이런 강아지들이나 유독 냄새가 강한 강아지 혹은 발정 중인 친구들을 만나면 강아지들은 더 심하게 냄새를 맡기도 한답니다. 아, 참! 제가 2~3개월 된 어린 강아지랑 놀거나 교육을 하고 집에 들어가면 저희 집 강아지들도 다가와서 냄새를 엄청 맡습니다. 근데 질투까지 하지는 않는 것 같아요.

강아지들에겐 보호자한테서 나는 냄새보다 보호자가 건강하게 돌아왔다는 것이 훨씬 더 중요하답니다. 처음에는 보호자한테서 나는 여러 강아지들 냄새 때문에 약간은 혼란스러워 할 수도 있어요. 이런 경우 다른 강아지의 냄새가 묻은 보호자의 옷 근처에다 소변이나 대변을 볼 수도 있답니다. 근데 집에 돌아온 보호자가 자신에게 관심과 애정을 보이며 잘 대해 주면 강아지가 질투를 하거나 그러진 않을 거예요.

단, 이럴 수는 있어요. 많이 아픈 강아지에게서 나는 특유의 냄새가 있는 것 같은데 이런 냄새가 보호자한테서 나면 강아지가 좀 걱정할 수 있어요. '어, 보호자님이 아픈 건가? 왜 이런 냄새가 나지?' 이렇게 오해할 수 있으니까 그런 날은 보호자님이 집에 들어오면서 더 많이 웃으시고 더 기운차게 활동하시면 강아지가 그런 걱정은 조금 덜 하지 않을까 합니다.

항상 하는 말이지만, 퇴근 후 집에 들어오면 강아지하고 같이 산책을 가 보세요. 그러면 아마도 이 친구가 보호자한테서 나는 냄새는 단지 냄새일 뿐이라는 걸, 보호자는 안전하고 괜찮다는 걸 알게 될 겁니다. 너무 걱정하지 마시고요. 아기 강아지라면 질투를 조금 할 수도 있겠지만 좀 더 자라면 보호자에 대한 믿음이 생기면서 다른 강아지가 아닌 '자신의' 보호자라는 걸 알게 될 겁니다.

Q

019

상처 핥아 주는 강아지, 아프지 말라고 그러는 건가요?

조금은, 그럴 수 있어요.

강아지가 자꾸 가족들 몸에 있는 상처를 찾아내서 핥아 준다고 하는 분들이 있어요. 아프지 말라고 그러는 건지 궁금하다면서 강아지가 그럴 때마다 그냥 둔다고 하시더군요.

강아지들은 분명 '아픈 상처'에 대해 압니다. 그게 '뭔가가 잘못됐다'는 의미라는 것도 알죠. 강아지가 자꾸 보호자의 신체 일부를 핥고, 깨물고, 심지어는 공격하는 느낌까지 들어서 의아한 마음으로 병원에 갔더니 피부암의 일종인 '악성 흑색종'이었다는 사례도 있었습니다. 아마도 강아지는 내가 좋아하는 보호자의 몸 어딘가에 난 상처를 계속 유심히 살펴보고, 확인하고, '이거 왜 그러지?' 이러면서 고민했을 겁니다.

상처가 그렇게 큰 문젯거리가 아닌데도 강아지가 계속 그것에 집중한다면, 그럴 때는 다른 반려견 친구도 좀 만나게 하고 좋아하는 것들을 하며 시간을 보내게 해 주세요. 그렇게 강아지의 주의를 다른 곳으로 돌리면 이런 행동들도 차츰 줄어들 수 있겠죠?

Q 020

강아지들은 자신의 부모나 형제를 기억하나요?

음, 아닐걸요…?

새끼 때 데리고 와서 키우고 있는데 사랑을 많이 주고 있지만, 가끔은 강아지가 엄마나 형제들이 보고 싶을 수도 있겠다는 생각이 들어요. 보여 줘도 될까요? 알아볼까요? 궁금합니다.

"나 젖 주세요! 나 놀고 싶어요! 엄마 꼬리 가지고 놀아야지!" 이런 식으로 아기 강아지들은 엄마 개에게 함부로 행동해요. 근데 아기 때는 이렇게 해도 괜찮답니다. 어미 개들은 아기 강아지의 이런 행동을 '모성애'라고 하는 그 대단한 힘으로 모두 받아 주고 때때로 훈육도 하죠. 근데 생후 3개월이 지나면 모든 것이 사라져 버리고 그냥 남의 강아지처럼 된답니다.
그런데 만약에 어미견이 아기 강아지들에 대해 지긋지긋한 감정 같은 걸 가지고 있었다면 나중에 다시 만났을 때 '어휴, 쟤네 또 만났어! 지겨워!' 이런 느낌을 가질 수도 있어요. 실제로 이런 어미 개들이 무척 많답니다. 그러니 어미 개를 꼭 만나게 해 주고 싶다면 그냥 멀리서 지켜보게 하는 게 나을 것 같아요.

이 질문과 관련해서 조금 더 말씀드리면, 강아지들은 형제를 봐도 알아보지 못 해요. 그냥 친한 친구 혹은 내가 예전에 알고 지낸 강아지 정도로만 인식한답니다.
형제 강아지끼리 가끔 만나서 노는 건 좋은데 너무 자주 만나다 보면 자칫 문제가 생길 수도 있어요. 왜냐면, 어렸을 때 형제한테 꿀밤을 맞았거나 물렸거나 혹은 맨날 엄마 젖을 빼앗겼거나 하는 안 좋은 기억들이 남아 있는 경우엔 오히려 형제 강아지를 싫어할 수도 있거든요.

혹시 키우고 있는 반려견의 어미견이나 형제견을 만나게 된다면 그저 예전에 알고 지내던 남의 강아지 정도로만 생각하시면 될 것 같아요.

생뚱맞은 Q&A

Q 분리 불안이 너무 심해요. 개는 멀쩡한데 제가요! 걱정돼서 아무것도 못 하겠어요. 어떡하죠?

A 제 생각에는 보호자가 CCTV를 보시는 것 같아요.

밖에서도 집에 있는 강아지를 볼 수 있는 CCTV 말이죠. 음…, 이건 심하면 중독될 수도 있어요. 왜냐면, CCTV 화면을 볼 때마다 슬프거든요. 강아지가 쉬느라 누워 있는 것만 봐도 마음이 안 좋아지죠. CCTV 중독 끊어내자! 어플 삭제하세요!
강아지도 혼자 있는 연습을 해야 해요. 그리고 보호자도 귀가할 때 차분하게 행동해야 합니다. 막 큰 소리를 내고 흥분하면서 "아악! 너무 보고 싶었어!" 이러면 우리 강아지들은 보호자가 다치고 온 줄 안답니다. 어떤 강아지들은 '네가 나 없이도 밖에서 괜찮겠어?'라는 생각 때문에 분리 불안이 생기기도 하니까, 먼저 보호자부터 마음을 단단히 하셔야 합니다!

생뚱맞은 Q&A

Q 강아지에게 허락을 받으려면 어떻게 해야 하나요? 허락을 했는지 어떻게 알 수 있을까요?

A 어, 이건, 되게 주관적일 수 있는데….

보통 반려견들이 허락할 때 '으흥~' 같은 소리를 내지 않나요?
보통 '응.' 이렇게 말하는 것 같은 느낌이 있는데? ㅎㅎㅎㅎ
예를 들어 강아지한테 공 두 개를 보여 주면서 "이 공 가지고 놀래? 아님 이 공 가지고 놀래?" 이렇게 물어보면 다가와서 맘에 드는 걸 코나 발로 툭 치기도 하고 아니면 그 앞에서 살짝 놀라는 것 같은 행동도 하고 그러거든요.
자세히 집중해서 보시면 강아지도 자기 나름대로 허락할 때 사용하는 행동이 있답니다.^^

PART 02

강아지 마음속,
숨겨진 1CM를
찾아서

Note

평소 강아지의 이름을 부른 다음
혼을 많이 냈다면
강아지에게 이름은 '혼나는 소리'일 겁니다.
반대로 이름을 부른 다음에
항상 즐거운 일들이 생겼다면
이름은 굉장히 '기분 좋은 소리'가 되겠지요.

반려견은 자신의 '이름'을
그렇게 중요하게 생각하지 않습니다.
강아지들이 중요하게 생각하는 건
'그 이름 뒤에 따라오는 것이 무엇인가'입니다.

Q

021

사람들끼리만 음식을 먹으면 강아지가 서운해 하나요?

괜찮아요!

강아지가 서운해 할 수도 있지만 사실 이것은 강아지가 서운해 하면 안 되는 문제예요.

이 질문을 해 주신 보호자님도 강아지가 먹고 있을 때 빤히 쳐다보는 행동 같은 거 안 하시잖아요. 이처럼 강아지도 음식을 먹고 있는 사람에 대한 존중이 있어야 해요. 우리가 먹고 있는 강아지를 건들지 않듯이 강아지들도 우리가 식사하거나 음식을 먹을 때 옆에 와서 귀찮게 하거나 달라고 떼를 쓰는 행동들을 하지 않게 교육하는 것이 좋습니다.

이런 강아지들 있죠? 보호자가 뭘 먹는다 싶으면 옆에 다가와 눈만 애처롭게 깜빡거리면서 앉아 있는 친구들. 또 어떤 친구들은 떼도 안 쓰고 그냥 앉아만 있어요. 떼라도 쓰면 "야, 너 왜 그래~." 이러면서 미워하기라도 하지…. 근데 말도 안 하고 그냥 옆에 앉아서 눈을 살포시 감는다고 해야 하나, 눈동자에 눈물도 좀 맺힌 것 같고 이러면 "어떻게 안 줘!"라고 하면서 먹던 것을 주시는 분들이 많이 있습니다.

하지만 우리가 무언가를 먹을 때 강아지와 함께 나누지 않는 것이 반려견하고 장기적으로 살아가는 데 더 도움이 될 겁니다. 애처롭고 짠한 마음에 조금씩 음식을 주다 보면 결국 강아지들은 계속 보호자하고 음식을 나눠 먹고 싶어 할 테니까요. 이런 일들이 반복되다 보면, 처음엔 좀 얻어먹고 싶어 했던 행동이 나중엔 보호자가 들고 있는 음식을 쟁취하려는 잘못된 행동으로 발전할 수도 있답니다.

이런 예의 없고 잘못된 행동을 하는 강아지한테 "어이구, 그렇게 먹고 싶어? 어휴, 알았어. 줄께!" 이러면서 마치 자신은 의도하지 않았는데 강아지한테 빼앗겼다는 듯이 음식을 주는 보호자들이 많습니다. 이런 경험을 많이 한 강아지들은 나중에 보호자가 음식만

들고 있어도 빼앗으려 위협적인 행동을 하거나 보호자를 향해 거칠게 점프를 하는 등 위험한 행동들을 할 수도 있습니다.

솔직히 저도 먹고 있던 것을 강아지들에게 주고 싶을 때가 있지만 절대 주지 않습니다. 왜냐면, 보호자하고 음식을 나눠 먹는 습관이 없고 올바른 식사 예절을 가지고 있는 강아지라면 도시의 어느 공간이든 맘 편히 데려갈 수 있고 보호자와 함께 할 수 있는 것들이 훨씬 더 많아지기 때문이죠.

그러니 앞으론 콩 한 쪽도 혼자 드세요.^^

Q

022

샤워 후에 뛰어다니는 강아지, 좋아서 그러는 건가요?

네, 맞습니다! 좋아서 그러는 거예요.

샤워를 마친 후에 막 이곳저곳 엄청 뛰어다니는 강아지들이 많죠. 사실 한 살이 채 안 된 강아지들은 언제나, 하루에도 몇 번씩 마구 뛰어다니는 모습을 보입니다. 근데 두 살, 세 살이 됐는데도 이런 행동을 한다면 강아지가 이렇게 '기분이 좋은' 이유에 대해 생각해 볼 필요가 있습니다.

주로 목욕 후에 이런 행동을 한다면 목욕을 할 때 힘든 감정을 참

고 있어서 그럴 수도 있어요. 너무 싫어서 숨도 안 쉬며 꾹 참고 있다가 목욕이 끝나면 한 방에 팍하고 감정을 터트리는 거죠. 목욕할 땐 "빨리 그만두고 싶은데! 그만 멈추고 싶은데, 어떡하지? 어떡하지?" 이러다가 목욕이 끝나고 거실에 나오면 "와! 해방이다!" 이러면서 좋다고 막 뛰어다니는 것이죠. 강아지의 이런 행동이 나쁜 것은 아니지만, 앞으로 목욕할 때 강아지를 조금 더 부드럽게 대하고 즐겁게 목욕할 수 있는 환경을 만들어 준다면 이런 행동을 좀 덜 하지 않을까요?

Q
023

배변 패드에 용변을 본 강아지, 나중에 칭찬해 줘도 알까요?

배변 활동 직후에 칭찬하는 게 가장 좋아요!

대소변을 잘 못 가리는 강아지가 배변 패드에 용변 본 걸 발견했을 때, 배변 패드를 가리키며 칭찬하고 간식을 줍니다. 과연 강아지는 자신이 왜 칭찬을 받는지 알까요? 용변 실수하는 빈도가 줄어들지 않아요. ㅠㅠ

가장 중요한 것은 실수했을 때 지적하지 않는 겁니다. 이런 분들이 있어요. 강아지가 엉뚱한 곳에 용변을 보면 강아지를 그곳에 데려가서 “너 이러면 안 돼! 왜 이렇게 했어!”하고 혼을 낸 다음, 곧바로 강아지 대변을 들어 배변 패드 위에 올려놓고는 “이렇게 하는 거야~. 여기다 해야 돼~.”하며 다시 칭찬을 하는 분들 말이에요. 이러면 강아지는 이상하게 생각할 수밖에 없어요. ‘내가 지금 칭찬을 받은 건가? 아닌가?’하고 말이죠.

한창 용변 가리는 걸 배우고 있는 시기라면 정확한 장소에다 ‘딱’ 용변을 보고 있거나 용변이 끝난 직후에 칭찬하는 게 제일 좋습니다. 대변을 보려는데 가까이 다가가 칭찬하면 강아지가 용변을 참고 안 볼 수도 있으니 그것만 좀 조심하시고요.

강아지가 용변 실수를 해도 절대 혼내지 마시고, 또 어떤 경우엔 강아지가 배변 활동뿐만이 아니라 자신의 감정을 표현하기 위해서도 소변과 대변을 활용하니까 평소에도 강아지의 대소변에 ‘깊은’ 관심을 가져 주세요.^^

Q 024

보호자가 코를 심하게 골면 강아지가 힘들어 하나요?

강아지마다 좀 다릅니다!

누구라고 밝히진 않겠지만, 저의 동거인도 코를 많이 곱니다. 그분 말씀에 의하면 저도 곤다고 합니다. 자주는 아닌데 피곤할 때면 곤다고 하더군요. 그러면 다올이는 깜짝 놀라면서 피해요. 그런데 첼시는 안 피하더라고요. 얼마나 예민한 강아지인가에 따라 반응이 좀 다른 것 같아요.

근데 반려견들은 보호자가 코를 고는 것보다 자면서 뒤척이는 것을 더 무서워한답니다. 사람들은 자면서 자신도 모르게 가끔씩 몸을 뒤척이며 움직이는데 이때 보호자 옆에서 자고 있던 강아지들은 깜짝 놀라서 침대 밑으로 내려가 버립니다. 그러다 보호자가 일어날 때쯤 다시 보호자 옆으로 올라오는 경우가 대부분이에요.

그래도 너무 걱정하지는 마세요! 아마 우리 강아지가 보호자님이 가진 좋은 점들에 대해 많이 알고 있을 테니까, 코 고는 것 정도는 괜찮다고 생각할 거예요.^^

Q
025

강아지 이름,
개명해도 알아듣나요?

그럼요!!! 알아듣습니다.

이런 고민하는 분들 많이 계세요. 특히 유기견 보호소에서 강아지를 입양한 경우엔 원래 불리던 이름이 있기는 해도 새로운 가족을 만났으니까 이름도 새롭게 다시 지어 주고 싶죠.

반려견은 자신을 지칭하는 '이름'을 사람처럼 그렇게 중요하게 생각하지는 않습니다. 강아지들이 중요하게 생각하는 건 '그 이름 뒤에 따라오는 것이 무엇인가'입니다. 만약 평소에 이름을 부른 다음

혼을 많이 냈다면 강아지에게 이름은 '혼나는 소리'일 겁니다. 반대로 이름을 부른 다음에 예뻐해 주거나 산책을 데리고 가거나 맛있는 것을 주는 등 항상 즐거운 일들이 있었다면 이름은 굉장히 '기분 좋은 소리'가 되겠지요.

강아지가 너무 공격적이어서 다시 처음부터 제대로 된 교육을 해 보고 싶은 마음에 이름을 바꾸는 보호자들도 있습니다. 환경을 바꿔 주고 교육 방법을 바꿔 주면서 이를 계기로 이름까지 바꾸는 것이죠. 저도 가끔은 이름 바꾸는 걸 추천하기도 해요.
이름을 '또리'로 바꾼 후 "또리! 아이, 잘했어! 또리! 간식~." 이런 식으로 이름과 기분 좋은 일들을 잘 연결시켜 준다면 전혀 문제가 없습니다. 어쩌면 예전에 들었던 이름보다 훨씬 더 좋아할 수도 있어요.

제 이야기 하나 해 드릴까요? 우리 첼시도 "첼시!"라고 부르면 잘 안 와요. "나가자!"라고 해야 그때서야 '쿠쾅쾅'하고 움직이죠. 솔직히 이름 불러도 강아지들이 잘 안 와요. ㅎㅎㅎㅎ

어쨌든, 이름 바꾸는 게 그렇게 나쁜 건 아니니까 필요하다면 얼마든지 바꿔도 된답니다!

Q
026

강아지한테도 시간 개념이 있나요?

엄청납니다!

저희 강아지는 아침에 산책하고 나면 점심때쯤 간식을 먹은 후 놀다가 낮잠을 자는데요. 꼭 4시쯤 되면 일어나서 저한테 놀자고 그래요. 그 시간에 제가 특별히 다른 행동을 하는 것도 아닌데 시계보다 더 정확하게 시각을 아는 것 같아요. 개들도 시간을 아는 걸까요? 아니면 생체 리듬이 그렇게 정해진 걸까요?

반려견들은 규칙적인 생활을 무척 좋아하고 그런 일상 속에서 안정감을 느낍니다. 그러니 가능하다면 어느 정도 일과를 정해 놓고 규칙적으로 지켜 주는 게 강아지들을 훨씬 더 편안하게 해 주는 방법이랍니다.
지킬 수 있다면 강아지가 일어나는 4시쯤에 항상 산책을 해 주시고 만약 그럴 수 없는 환경이라면 30분 전이나 30분 후 이렇게 그 시각과 비슷한 시간대에 산책을 나가 보세요. 그러다 보면 놀자고 보채는 행동은 차차 없어지지 않을까 합니다.

반려견의 행동 패턴을 알고 있다는 것은 반려견에 대해 관찰을 잘하고 있다는 증거입니다. 너무 멋진 보호자님이신 것 같고요, 반려견의 시간 개념은 엄청나고 대단하답니다!

Q
027

마당이 있으면 산책이 필요 없나요?

아닙니다! 마당이 있어도 산책은 꼭 해야 해요.

'마당이 있다'는 건 집 안에 넓은 공간이 있다는 것일 뿐 그런 환경이 산책을 대신할 수는 없습니다. 대문 밖으로 나가 집 근처를 한 바퀴 돌고, 항상 가던 장소에 들러 냄새도 맡고, 소변과 대변도 보고. 이런 활동들은 그 자체로 강아지한테 굉장히 편안함을 줍니다. 그러니 강아지를 행복하게 해 주고 싶다면 마당이 100평, 200평일지라도 대문 밖으로 나가 함께 걸어 다니는 것이 좋겠죠. 저희 집 반려견들인 '다올이', '첼시', '바로', '레오'도 마당이 있는 집에서 살고 있지만 항상 밖에 나가서 소변, 대변을 보고 산책도 한답니다.

마당이 있는 집에서 살고 계신 분들께 당부 드립니다. 산책은 꼭 집 밖으로 나가서 해 주세요. 마당이 강아지들에게 편안함과 안정감을 줄 수는 있지만 결코 산책을 대신할 수는 없습니다.

Q

028

강아지도 노래를 알아듣나요?

그렇긴 한데, 그게 말이죠….

잠들기 전 강아지에게 자장가를 불러 준다는 보호자가 있습니다. 근데 강아지는 별로 신경 쓰지 않는 것 같다고, 강아지도 노래를 알아듣는지 아니면 그냥 관심이 없는 건지 물어오셨어요.

사실 반려견들에겐 '노래'라는 것이 '하울링howling, 개나 늑대 등 갯과 동물들이 소리를 길게 뽑아 내는 울음소리'으로 전달될 가능성이 커요.

반려견들이 하울링을 하는 이유엔 여러 가지 의미가 있습니다. 먼

저, 멀리 떠나 있는 동료에게 내 위치를 알려 주는 뜻으로 하울링을 해요. "나 여기 있어! 빨리 돌아와!" 이런 의미인 거죠. 두 번째는, 무리로 돌아갈 때 "나 지금 돌아가는 길이야. 너는 뭐 해? 잘 있니?" 이런 의미로 하울링을 하고요. 마지막으로 "여기는 우리 무리야! 너희는 들어오면 안 돼!"라는 경고의 뜻으로 하울링을 하기도 합니다.

강아지들이 '아우~ 아우우~ 아우우~' 이러면서 하는 하울링은 일종의 어떤 의식 같은 거예요. 그런데 어찌 보면 이 보호자님은 지금 하울링을 하고 있는 거죠. 개들이 그걸 정말 하울링이라고 느낀다면 무조건 따라 할 텐데, 만약 따라 하지 않는다면 '내 보호자가 어디 아픈가? 왜 낑낑거리지?' 이렇게 걱정할 가능성이 큽니다.

혹시 보호자님이 노래를 부를 때 강아지가 눈을 깜빡거리거나 혀를 날름거리거나, 자꾸 고개를 다른 데로 돌리지는 않나요? 아니면 어딘가에 숨으려고 하거나 귀를 막거나 고개를 숙이는 등의 행동을 하지는 않나요?
아마도 지금 보호자님의 강아지는 몹시 힘들어 하고 있을 겁니다. 그러니 앞으로는 노래하지 마세요. 만지지 말고, 말 걸지 말고, 아무것도 하지 않으면 강아지는 잡니다. 재우려고 노력하지 마시고 노래도 하지 마세요. 아셨죠?

Q
029

빙글빙글 도는 강아지, 기뻐서 그러는 건가요?

그럼요, 기뻐서 그러는 겁니다.

강아지가 기분이 좋을 때마다 계속 빙글빙글 도는데, 맞나요? 산책하러 가자고 하거나 좋아하는 간식을 주면 좋아하면서 빙글빙글 도는데 이유가 뭔가요?

강아지들이 이렇게 빙글빙글 돌 때 꼬리를 살짝살짝 물기도 해요. 깨문다기보다 입으로 꼬리를 살짝 잡고 있는 느낌인데 이런 행동들은 강아지가 어릴 때, 정말 철부지일 때 많이 합니다. 저도 강아지들이 이러는 모습을 무척 귀여워하고 좋아하는데 너무 심해지지는 않게 주의하셔야 합니다. 왜냐면 이런 행동이 과하면 나중에 기분이 좋다 싶을 땐 언제나 막무가내로 날뛰고 점프하고 달리는 것으로 발전할 수도 있거든요.

가능하면 강아지가 어릴 때는 신나게 놀아 주되 가끔씩은 빙글빙글 도는 행동을 멈출 때 간식을 주어서 조절이 가능하도록 훈련하는 것이 좋습니다.

나쁜 행동은 아니지만 그냥 놔두면 조금은 과한 행동으로 발전할 수도 있어요. 줄을 맸는데도 계속 빙글빙글 돌면서 달려가려고 하거나, 어떤 강아지하고 놀고 싶다고 그 옆에 가서 마구 빙글빙글 돌거나, 이런 식의 과잉 행동으로 번질 수 있으니까 미리 예방하기 위해서 약간의 교육이 필요하답니다.

보호자가 간식을 들고 있을 때 빨리 먹고 싶다고 그 앞에서 빙글빙글 돌면 그때는 주지 마세요. 가만히 기다리다 강아지가 얌전히 앉거나 제자리에 서면 그때 주세요. 그러면 아마 이런 행동도 조금씩 조절이 될 겁니다.

Q 030

**외출하려고 하면 제 바지를 물어요.
나가지 말라는 건가요?**

그럴 가능성이 커요.

강아지가 이상하게 가족 중에 자신이 외출하려고 할 때만 나타나 화가 난 것처럼 이빨을 드러내고 자국이 남도록 발목이나 바지 밑단을 문다는 보호자가 계셨어요. 과연 이런 행동은 나가지 말라는 의미일까요?

혼자 있는 걸 싫어하는 반려견이 이렇게 행동할 가능성이 큽니다. 또 하나는, 강아지가 보호자를 엄청 걱정하는 것일 수도 있어요.

"너 혼자 나가도 되겠어? 네가 나가서 잘 있을 수 있겠어? 나가지 마! 집에 있어! 어딜 나가!" 이런 심정으로 반려견이 보호자를 못 움직이게 하는 것일 수도 있는 거죠.
처음에는 '혼자 있는 게 너무 싫어!' 이런 마음에서 시작했던 강아지의 분리 불안이 보호자의 과잉보호로 인해 이렇게 '요구하는 식'으로 변하기도 해요. 제 생각에는, 보호자님이 나갈 때만 이렇게 으르렁거리는 건 절대 아닐 거예요.

이런 반려견일수록 다음과 같이 행동하는 경우가 많습니다. 강아지가 보호자의 무릎에서 잠이 들었을 때, 보호자가 '물 한잔 마시러 일어나야지.'하고 강아지를 내려놓으려 하면 그 순간 으르렁거리는 거죠. 제가 말하는 게 맞다면, 이 강아지는 상담이 필요한 상태예요!

Q 031

보호자가 낳은 아기를 가족으로 인식하나요?

네, 가족이란 건 알아요.

성견이 된 강아지는 새롭게 가족이 된 '사람의 아기'를 어떻게 생각할까요? 보호자처럼 지키고 보살펴야 할 존재로 인식할까요? 아니면 자신보다 하위 서열로 생각할까요?

아마 대부분의 반려견들은 보호자가 임신했을 때부터 자신한테 새 가족이 생겼다는 걸 알 수 있을 겁니다. 그래서 아기가 태어나면 강아지들은 이미 알고 있던 대로 '어! 저 친구가 우리 아기구나. 새로운 가족이구나. 잘 보살펴 줘야겠네.' 이렇게 인지합니다.
하지만 태어난 아기가 울고 보채고, 또 보호자가 처음으로 엄마 아빠가 되어서 당황해하는 모습들을 지켜보고, 기어 다니던 아기가 어느 순간부터 일어나 걸으면서 자신을 계속 괴롭히고, 이러다 보면 반려견들이 아기를 조금 싫어하게 되는 순간이 와요.

이때 많은 보호자들이 잘 몰라서 반복적으로 실수하는 것이 있는데 바로 아기가 강아지한테 기어가도록 그냥 방치하는 것입니다. 강아지는 아기를 다룰 줄 모릅니다. 생각해 보세요, 아기가 울면 강아지가 품에 안고 달래 주나요? 그렇게 못 하죠. 울면서 자신을 향해 다가오는 아기에게 강아지가 최선을 다해 해 줄 수 있는 건 핥아 주거나 아니면 아기 위에 올라가서 깔고 앉는 것뿐입니다. 그러다 보면 정말 위험한 상황이 벌어질 수도 있다는 걸 보호자들이 명심하셔야 해요.

여하튼, 강아지들은 가족들 중 누가 임신을 하면 처음부터 모든 걸 다 알고 있답니다. 새로 태어난 아기가 우리 가족이라는 걸 강아지에게 가르쳐 주고 싶다면 먼저 보호자부터 "이 아기가 너를 공격하지 않게 해 줄게!"라는 걸 확실히 보여 주어야 합니다. 그렇게 하면 대부분의 강아지들은 여러분의 자녀를 소중하게 여기고 사랑하게 될 거예요.

Q 032

산책하는 도중에 자꾸 제 신발을 물어요. 이유가 있나요?

그럼요, 이유가 있죠!

답은 너무 간단합니다. 이 강아지가 어린 웰시 코기였거든요. 어린데 웰시 코기다? 어린 웰시 코기가 깨문다? 특히 발이나 신발을 문다?

웰시 코기라는 견종 자체가 옛날에 황소의 뒷다리를 깨물면서 소몰이를 하던 친구들이에요. 웰시 코기들은 장난으로 "우와, 발이다! 우와, 발이 움직인다!" 이러면서 보호자의 발이나 손가락 같은 것을 많이 깨문답니다.

이 강아지가 산책하는 동영상을 보니까 보호자 신발에 무언가 장식이 달려 있더라고요. 결국 강아지는 보호자 발등에 달린 장식이나 신발 끈 같은 걸 가지고 장난을 치고 싶었던 거예요.

이렇게 한번 해 보세요. 아직 어린 강아지고 한창 산책 연습을 해야 하는 시기니까, 강아지가 정말 좋아하는 인형을 들고 다니면서 같이 장난치며 산책하는 거예요. 그러면 이 친구는 보호자의 신발보다는 손에 들린 장난감을 더 좋아할 겁니다. 그렇게 하다 보면 언젠가는 보호자와 나란히 발맞추며 산책할 수 있지 않을까요?

이런 행동이 나쁜 건 아니니까 너무 염려하지 마시고요. 웰시 코기 엉덩이를 보고 입양하시는 분들이 많은데 웰시 코기들은 엄청나게 깨문답니다, 아셨죠? 그러니까 산책 많이 해 주시고, 많이 놀게 해 주시고, 그러면 훨씬 좋지 않을까 싶습니다.

Q 033

사료를 가져와 떨어뜨리는 강아지, 나누어 먹자는 걸까요?

아니오, 아닙니다!

사료를 먹기 시작하면 몇 알을 입에 담고 안방으로 와요. 그런 다음에 보란 듯이 바닥에 떨어뜨립니다. 나눠 먹자는 걸까요?

물론 아니에요! 이런 행동을 하는 데는 다양한 이유가 있습니다.

첫 번째는, 지금 밥그릇이 놓여 있는 위치가 강아지가 마음껏 먹을 수 없는 곳인 경우예요. 강아지들은 사방이 노출된 곳에서 먹는 걸 좋아하지 않거든요. 구석진 곳에서 벽 쪽으로 머리를 향하고 그릇 안으로 얼굴을 깊이 숙인 채 먹는 걸 좋아하죠.
두 번째, 다견 가정인 경우에는 자신이 무엇인가를 먹고 있을 때 다른 강아지들의 공격 대상이 된다고 생각할 수도 있어요. 그래서 재빨리 사료를 입에 한 움큼 물고 어딘가 안전한 곳으로 가서 먹는 거죠.
마지막으로 세 번째, 어쩌면 밥을 잘 먹을 때마다 보호자님이 칭찬을 해 줬거나 예뻐해 줘서 이런 행동을 하는 것일 수도 있어요. 사실 이런 행동을 한다는 것 자체가 강아지가 무언가로 인해 불안해하고 있다는 증거거든요. 불안하니까 내가 정말 좋아하는 음식을 그 장소가 아닌 다른 곳에 가서 먹는 거랍니다.

이런 행동을 하는 반려견이라면 지금 어딘가가 조금 불편할 수 있어요. 여러 가지 이유들을 떠올려 볼 수 있는데, 제가 말씀드린 답변들을 보시고 보호자님이 한번 상황을 정확하게 파악해 보시는 게 좋을 듯합니다.

Q 034

이불 같은 걸 입에 물고 자는 강아지. 제가 못 해 줘서 그런가요?

그렇기도 하고 아니기도 해요!

1년 6개월 된 토이 푸들과 함께 살고 있는 보호자의 고민이에요. 꼭 이불이나 침대 커버, 소파 매트 같은 것을 입에 물어야 잠이 든다고 하네요. 자세히 보면 어미젖을 빠는 아기 강아지처럼 이불을 꾹꾹 누르는 자세로 물고 있다는데, 보호자는 이런 모습을 보면서 혹시나 자신이 잘 못 해 줘서 그러나 걱정이 많았습니다.

어쩌면 이 강아지는 평상시에 불안감을 많이 느끼는 성격일 수도

있어요. '턱을 움직인다'는 것은 스트레스 반응이거든요. 우리 사람도 똑같아서 긴장하거나 스트레스를 받으면 손톱을 물어뜯기도 하죠. 이 녀석이 이렇게 행동하는 데는 분명히 이유가 있을 겁니다. 그 이유를 알기 위해선 보호자와 강아지에 대해 조금은 자세히 알아야 해요. 반려견 행동 전문가가 주변에 있다면, 간단하게나마 상담을 좀 받아 보는 게 좋을 것 같습니다.

'보호자가 잘못했다'기보다는 조금 놓치고 있는 부분이 있을 테니까 그것을 알아내려는 노력이 필요한 거죠. 저희 집 반려견 바로에 대해 저도 놓치고 있는 부분이 있는 걸요. 우리 같이 노력해 봐요! 보호자님, 파이팅!

Q 035

강아지와 문제견 영상을 같이 봐도 되나요?

아휴~, 그럼요!

9개월 된 골든 레트리버를 키우고 있습니다. 혹시 문제견을 다루는 TV 프로그램을 강아지와 같이 봐도 괜찮을까요? 가끔 심하게 짖거나 문제 행동을 하는 강아지들의 영상을 빤히 쳐다볼 때가 있는데 그럴 때마다 그 행동을 따라 할까 봐 걱정스럽습니다.

너무 걱정하지 않으셔도 돼요. 어떤 강아지들은 그런 프로그램을 볼 때 TV를 향해 뛰어들 정도로 긴장하기도 한다는데 이런 강아지들일수록 오히려 이 상황을 이용해서 교육을 할 수 있답니다. 문제 행동을 하는 강아지가 TV 화면에 나올 때 보호자가 "헉!"하고 소리 지르지 말고 '저런 강아지가 눈앞에 보이지만 나는 괜찮아.' 이렇게 의연한 태도를 보여 주세요. 그러면 긴장했던 강아지도 '어? 저기 강아지가 있는데도, 저런 무서운 소리가 나는데도, 보호자님이 괜찮아 하네? 지금 괜찮은 건가 봐.' 이렇게 조금씩 의연해질 수 있답니다.

TV 프로그램마다 '9개월 미만 강아지는 보지 마세요.', '24개월 이상의 강아지만 시청 가능합니다.' 이런 문구들이 친절하게 붙어 있는 것도 아니고, 우리 강아지는 너무 어려서 이래저래 걱정이 된다 하시는 분들은 강아지한테 줄을 맨 상태로 소파나 의자에 앉아서 함께 보시면 좋습니다. 이렇게 하면 강아지도 정서적으로 더 차분해지고 교육적으로도 도움이 될 겁니다.

강아지들이랑 같이 반려견 프로그램들 재미있게 보시고요, 특히 유튜브에 '보듬 TV'라고 있거든요. 저희 채널은 3개월 이상의 강아지라면 얼마든지 시청할 수 있답니다.^^ 긴장을 아주 많이 하는 강아지의 경우엔 줄을 매고 집 안을 왔다 갔다 하면서 보시면 교육적으로도 훨씬 더 도움이 될 거예요.

Q

036

보호자를 쳐다보며 배변하는 강아지, 어떻게 반응해 줘야 하나요?

해결책은 간단합니다!

강아지가 산책 나가서 대변이나 소변을 볼 때 보호자를 쳐다보는 경우가 있죠. 그럴 때 어떻게 반응을 해 줘야 하나 많은 보호자들이 난감해 하는데요. "응, 잘하고 있어. 얼른 싸~." 이렇게 다정하게 말을 건네도 강아지가 왠지 용무를 급하게 마무리하는 느낌이 들어 부담스럽다는 분도 있습니다.

대체로 강아지들은 소변보다 대변을 볼 때 자신이 취약해진다고 생각해요. 소변은 싸다가도 위급한 상황이 생기면 멈추고 빨리 도망갈 수 있잖아요. 반면에 대변 같은 경우는 모았다가 싸는 것이기 때문에 준비운동도 해야 하고, 배에 힘을 주며 등을 잔뜩 구부리는 동작도 해야 하죠. 그러다 보니 좀 긴장되거나 위축감이 들 땐 배변을 잘 안 하는 경우도 있습니다.

강아지가 배변할 때 보호자를 쳐다보는 건 어쩌면 보호자 얼굴을 보면서 마음을 편안하게 하려는 것일 수도 있고, 또 반대로 보호자한테 "이 근처엔 오지 마. 아니야, 아니야, 오지 마." 이러면서 좀 경계하는 것일 수도 있거든요. 만약에 저라면 강아지가 대변 볼 때 살짝 다른 데를 보고 있을 것 같아요. ㅎㅎㅎㅎ

아무리 강아지라도 지켜 주세요, 이 시간만은! 문제 해결됐죠?

Q
037

장마철에 강아지를 안고 산책하면 그래도 산책했다고 느낄까요?

그럼요, 안 하는 것보다는 훨씬 낫습니다!

아, 저도 장마가 진짜 싫어요. 비도 많이 오고 습도도 너무 높고, 아마도 장마를 좋아하는 사람은 없을 것 같아요. 그런데 강아지들도 마찬가지랍니다. 실제로 장마 때 강아지들도 스트레스를 많이 받고요, 어떤 친구들은 피부 질환이 생기기도 해요. 심지어 식이 장애까지 겪는 친구들도 있어요.

장마 때라면 소변, 대변만 잠깐 보고 오는 산책으로도 강아지들은

만족해 할 수 있습니다. 이때 코담요 같은 것을 이용해 '노즈 워크 nose work, 코를 사용해서 하는 후각 활동'를 많이 해 주면 장마 스트레스를 극복하는 데 더 도움이 되겠죠. 하지만 이런 활동들이 '산책'을 완벽하게 대체할 순 없습니다. 장마라고 해도 아침부터 저녁까지 한 번도 멈추지 않고 비가 오진 않잖아요. 비가 멈출 때를 기다렸다가 잠깐이라도 강아지와 함께 나가서 용변을 볼 수 있게 해 주면 도움이 될 겁니다.

결론적으로, 강아지를 안고 산책하는 것이 아예 안 하는 것보단 낫습니다! 정말 이렇게라도 해 준다면 강아지가 무척 고마워할 거예요. 안고 걷다가 잠시 비가 그치면 강아지를 내려놓고 산책할 수도 있으니까, 이렇게라도 밖에 나가서 콧바람을 쐬게 해 주면 강아지가 너무 좋아하지 않을까 싶고요.

또 한 가지! 피부 질환에 걸리는 친구들도 많으니까 빗질도 자주 해 주세요!

Q

038

등의 털을 세우는 강아지, 무서워서 그러는 건가요?

무서워서 그러기도 합니다.

저희 집 강아지는 산책을 나갈 때마다 등 쪽의 털을 말갈기처럼 바짝 세워요. 무서워서 그러는 건가요? 아니면 신이 나서 그러는 건가요?

강아지들이 '등 털을 세운다'는 건 사람으로 따지면 가슴을 크게 하고 어깨를 옆으로 쭉 넓히는 동작과 비슷한 거예요. 이런 걸 'hackle up'이라고 하는데 강아지들이 이런 행동을 하는 이유는 보통 두 가지예요. 엄청나게 긴장했을 때 아니면 상대에게 자신이 세다는 걸

과시하고 싶을 때죠.

그런데 이렇게 자신의 힘을 과시하려는 건 '드러내고 싶어 죽겠어!' 이런 욕구 때문이 아니라 '드러낼 수도 있다!' 또는 '나 이렇게 힘세!'라는 경고 쪽에 가까워요.
사실 다른 강아지를 만났을 때 등의 털을 세우는 건 '싫어, 이렇게 하기 싫어, 만나기 싫어!' 이런 소극적인 거절의 의미예요. 그러니 강아지가 이런 행동을 보이면 보호자가 '아, 내 강아지가 지금 위급한 상태구나. 도움이 필요하구나! 지금 이곳을 별로 좋아하지 않는구나.'하고 알아채야 해요. 그럴 땐 강아지를 데리고 다른 곳으로 이동하는 것이 좋습니다.

제 생각엔 강아지가 산책 나갔을 때 좋지 않은 경험을 했던 적이 있을 것 같아요. 아니면 꼭 강아지가 아니더라도 보호자나 함께 나갔던 사람에게 문제가 생긴 경험이 있었을 수도 있고요. 그런 기억 때문에 산책을 나갈 때마다 이렇게 긴장하는 것일 수도 있습니다.

이럴 땐 강아지에게 줄을 매고 함께 집 안을 걸어 다녀 보세요. 이런 연습을 한 후에 밖에 나가서 천천히, 아주 천천히 산책을 하다 보면 순간적으로 긴장하고 흥분하는 행동들이 차츰 사라질 거예요. 도움이 될 테니 꼭 한번 이렇게 해 보세요, 아셨죠?

Q

039

자려고 하면 사료 먹는 강아지, 이유가 있나요?

그럼요, 분명 이유가 있을 거예요!

어떤 강아지는, 잘 때가 돼서 가족들이 모두 자기 방으로 들어가려 하면 그때부터 사료를 먹기 시작한다고 해요. 대체 왜 그러는 걸까요?

아마도 자율 급식을 하고 있는 강아지 같은데 구체적인 것은 조금 더 깊이 살펴봐야 합니다. 이 행동이 과연 자신의 영역을 지키려는 건지, 아니면 먹을 것을 지키려는 건지 말이죠. 근데 여기엔 중요한 정보가 하나 빠져 있어요. 그 사료가 거실에 있는지 아니면 작은방이나 큰방에 있는지 이런 위치 정보가 있어야 좀 더 정확한 이유를 알 수 있답니다.
제 나름대로 유추해 보면, 사료가 보호자의 방으로 가는 길 어딘가에 위치해 있는 것 같아요. 이런 행동을 하는 반려견들은 자기 것에 대한 집착이 강한 친구들인 경우가 많은데 그것과 더불어 평소 보호자가 가지고 있는 양육 방식, 교육 방식도 함께 살펴봐야 합니다.

지금 이 강아지가 보이는 행동은 이런 겁니다. 집에 친구가 놀러 왔어요. 근데 그 친구가 내가 평소 안 갖고 노는 장난감에 관심을 보여요. 친구가 "우와! 이게 뭐야?" 이러면서 장난감을 만지려고 하면 "안 돼! 그거 내 거야! 건들지 마!" 이러는 것과 비슷한 거죠.

이 강아지가 보이는 행동은 '음식에 대한 공격성food aggression'이라고도 할 수 있어요. 물론 아직은 사료를 먹는 행동이 공격과 바로 연결되어 있지는 않지만 그 행동 안에는 '조금만 더 건들면 나 화낼 거야!'라는 의미를 내포하고 있거든요. 그러니 빠른 시일 안에 전문 훈련사나 반려견 행동 전문가와 상담을 해 보는 것이 좋을 것 같습니다. 지금은 사소한 일 같지만 이게 아주 큰 문제의 시발점이 될 수도 있으니까요.

Q 040

혼자 현관문에서 자는 강아지, 보호자에 대한 애착이 부족한 건가요?

아닙니다!

저희 집 강아지는 저희 부부가 잠을 자려고 침대에 누우면 거실 현관문 쪽에 혼자 나가서 자는데요. 혹 주인에 대한 애착이 부족해서 그러는 건가요? 침대 위에서 같이 놀다가 자려 해도 잠깐 놀다가는 뒤도 안 돌아보고 나가는데 가끔은 서운합니다.

제가 현관 앞에서 잠든 녀석의 사진을 봤거든요, 솔직히 굉장히 편해 보였어요. ㅎㅎㅎㅎ

이런 경우엔 보호자의 잠버릇이 어떤가 한번 생각해 보셔야 합니다. '내가 코를 고나? 발차기를 하진 않나?'하고 말이죠. 그리고 저녁에 자다 보면 추워서 이불을 당길 때가 있는데, 이때 강아지 때문에 잘 안 당겨질 수가 있잖아요. 그 순간 나도 모르게 확 당겨 버리면 강아지는 '어, 불편한데?' 이렇게 생각하고 침대 밑으로 내려가 버립니다. 실제로 많은 강아지들이 이렇게 행동한답니다.
또 하나, 더운 여름에는 현관 쪽이 보통 타일로 되어 있으니까 시원한 곳을 찾아 그곳으로 가는 경우도 있습니다.

이 강아지는 보호자에 대한 애착이 부족하다기보다 집을 너무 편안하게 느낀 나머지 보호자가 다른 방에서 자고 있어도 굳이 자신이 가서 확인할 필요가 없다고 생각하기 때문에 이렇게 행동하는 거예요. 너무 염려하지 마시고요, 서운해 하지도 마시고요. 괜찮습니다.^^

생뚱맞은 Q&A

Q 허공에다 대고 짖는 강아지, 귀신을 보는 걸까요?

A 아닙니다!

현실적으로는 그럴 리가 없죠. 개들은 사람보다 귀가 밝아서 윗집에서 나는 약간의 소음이나 진동 혹은 문 밖에 지나가는 사람의 목소리 같은 것들에 자극을 받기도 해요. 그런데, 정말 아무 소리도 나지 않았는데 가끔 뜬금없이 '컹컹컹' 짖어대는 강아지들이 있어요. 정말이지 뜬금없이 짖어요. 그런 친구들은 어쩌면 '만성 스트레스'를 겪고 있는 것인지도 모릅니다. 이런 행동은 도시에 사는 많은 반려견에게 나타나는 증상 중 하나예요.
그런데 우리 강아지는 평소에 스트레스를 하나도 받지 않는다, 정말, 정말, 받지 않는다. 그런데도 이런 행동을 보인다….
그러면 굿을 한번 해 보세요. ㅎㅎㅎㅎ

생뚱맞은 Q&A

Q 자신의 대변을 주워서 들고 다니는 보호자를 강아지는 이상하게 생각할까요?

A 무슨 질문이 이래!!! ㅎㅎㅎㅎ

'내 똥에 관심이 있나 봐?' 이런 생각은 하겠죠. 왜냐면, 강아지들은 대변을 통해 성별, 질병의 정도, 뭘 먹었는지 등 정말 많은 정보를 얻는다고 해요. 대변을 통해 상대 강아지에 대한 정보를 얻을 수 있다고 생각하니까 보호자가 자신의 대변을 치우는 걸 보면 '우리 보호자가 나를 잘 알겠네?' 이렇게 생각할 수도 있겠죠.
앞으로도 강아지 대변 잘 치워 주세요. 쭈뼛거리면서 치우지 마시고 당당하게 "나 치운다! 내가 치울게!" 이러면서 말이죠(이게 뭔 소리야 ㅋㅋㅋㅋ).

PART 03

그때, 강아지는 무슨 생각을 했을까?

외출하고 들어올 때
낙엽이나 나뭇가지 같은 걸 가져 와서
강아지한테 선물해 보세요.
우리 어렸을 때,
아빠가 퇴근하고 들어오시면서
붕어빵 같은 거 사오면 굉장히 좋았잖아요.
그런 느낌을 강아지들도 느낄 수 있답니다.

보호자와 헤어졌다 다시 만날 때
살짝 긴장하는 강아지라면
이렇게 다른 사물의 냄새를 맡게 하는 것으로
긴장을 풀어 줄 수도 있습니다.

Q 041

다른 가족과의 산책을 거부해요. 이럴 땐 산책을 안 가도 되나요?

아닙니다!

여덟 살 된 푸들을 키우고 있는데요. 가족 다섯 명 중에 저 말고는 아무와도 산책을 안 나가려고 해요. 제가 바쁘거나 여행을 갔을 땐 정말 곤란합니다. 이럴 때는 그냥 산책을 안 가도 되나요?

아하, 여덟 살 먹은 푸들이군요. 푸들이 다른 견종에 비해 한 사람에 대한 애착이 깊은 편이긴 합니다. 그리고 이 애착은 갈수록 조금씩 더 깊어지는 성향이 있죠. 일단, 강아지하고 다른 가족만 따로 산책을 내보내진 마시고요. 강아지와 다른 가족들이 산책 갈 때 보호자님이 같이 참여하는 게 좋습니다. 만약 어머님이랑 이렇게 셋이 산책하러 나갔다면 "엄마, 잠깐 줄 좀 잡고 있어. 나 음료수 사 올게." 이러면서 조금씩 어머님과 강아지가 단둘이 있는 상황을 만들어 주세요. 그러면 강아지도 차츰 다른 가족들과 산책하는 것에 익숙해질 겁니다.

이렇게 어머님하고 친해지고 나면 그 다음엔 동생이나 아빠와도 충분히 친해질 수 있어요. 푸들이라는 종은 그렇게 특별함을 부여하는 사람이 있습니다. 우리 보호자님이 아마 강아지에게 특별한 사람이겠죠. 그래도 강아지한테 "나 말고, 엄마하고 산책하는 것도 재밌어! 사실 우리 엄마, 겁~나 웃겨!" 이런 것들도 좀 알려 주고 그러면 더 좋을 것 같습니다.^^

Q 042

강아지한테 선풍기는 무용지물인가요?

아니에요!

온몸이 털로 덮여 있는 강아지들에게 과연 선풍기가 효과가 있을까요? 더운 여름이면 강아지들이 헉헉거리면서 선풍기 앞에 앉아 있기도 하는데, 강아지들과 여름을 어떻게 나는 게 좋을지 많은 분들이 질문을 해 주셨어요.

사람은 선풍기 바람을 쐬면 찬 바람이 피부에 직접 닿기 때문에 시원한 느낌이 들죠. 근데 피부가 털로 덮여 있는 반려견들에게 바람보다는 주변 공기 자체가 시원한 게 더 좋아요. 그럼에도 선풍기를 틀어 주는 건 시원하게 해 준다기보다, 강아지들이 집이나 한정된 공간에 주로 있다 보니까 공기 순환을 잘 되게 하려는 이유도 있어요. 어쨌든 강아지한테 선풍기는 나쁘지 않습니다. 다만, 여름철 화재의 원인 중에 강아지가 선풍기의 전선 같은 것을 물어뜯은 경우가 상당히 많거든요. 늘 조심하셔야 해요.

반려견들이 여름을 시원하게 나는 방법엔 크게 두 가지가 있습니다. 요즘엔 반려견용으로 파는 대리석도 있거든요. 강아지가 자주 쉬는 곳에 대리석을 놓아 주면 더위를 많이 타는 강아지들이 굉장히 좋아해요. 또 하나는, 물을 담아 얼린 페트병을 수건으로 한 번 감싸서 놓아두면 강아지가 그 옆에 가만히 누워 있어요. 어떤 친구들은 그 병을 계속 핥기도 한답니다.

그리고 정말 좋은 팁을 하나 드릴게요. 강아지와 물놀이할 때 장난감을 던지면 물속으로 '꼬르륵' 가라앉아서 갖고 놀 수가 없잖아요. 이때 장난감을 조금 뜯어서 그 안에 와인 병에 있는 코르크 마개 3개 정도를 넣고 다시 바느질하면 가라앉을 걱정 없이 신나게 갖고 놀 수 있답니다. 물놀이도 더위를 물리칠 수 있는 좋은 방법 중 하나니까, 제가 말씀드린 장난감도 한번 만들어 보시면서 강아지와 함께 여름 잘 나시기를 바랄게요!

Q 043

다른 동물 보고 낑낑거리는 강아지, 같이 놀고 싶은 건가요?

아니요…?

밖에 나가면 다른 강아지나 비둘기 같은 동물들을 보면서 낑낑거리는 강아지들이 있어요. 같이 놀고 싶어서 그러는 건지 많이들 궁금해하시는데요.

다른 강아지를 만났을 때 낑낑거리는 건 놀고 싶다는 의미가 확실합니다. 그런데 새나 다른 동물을 만났을 때 낑낑거리는 건, 어쩌면, 놀자는 게 아니라 '잡고 싶은 것'일 수도 있으니 조심하셔야 해

요. 이런 강아지들은 평소에 보호자하고 같이 "야~~!" 이렇게 소리 지르고 뛰어다니면서 비둘기들을 쫓거나 그랬을 수도 있어요. 그런 경험이 없다고 해도 강아지들은 이런 행동을 너무 좋아하기 때문에 새들만 보면 막 따라다니려고 한답니다.

웬만하면 새들하고도 잘 지낼 수 있게, 평소 차분하게 산책하는 연습이나 침착하게 앉아 있는 연습 같은 걸 많이 하면 좋을 것 같습니다. 다른 동물들과 함께 사는 세상이니까 조금은 조심해 가며 산책하는 게 좋겠죠?

Q
044

강아지도 삐지나요?

삐지는 것 같아요….

강아지도 삐지나요? 우리 강아지는 가끔 등을 돌리고 '흥! 칫! 나 삐졌어!' 이런 느낌으로 앉아 있어요. 이름을 부르면 새초롬하게 고개만 돌린 채 '흥! 왜 불러?' 이런 표정으로 바라봅니다. 그 모습이 웃프기도 하고, 달래 주고 싶은 생각도 드는데 이게 모두 제 착각인가요?

아마도 보호자가 뭔가 강아지한테 섭섭한 행동을 했으니까 '녀석이 지금 삐졌나?' 이런 생각을 하신 거겠죠? 그 행동 때문에 안 그래도 미안한데 마침 강아지가 토라진 듯이 등을 돌리고 앉아 있으니까 '아이고, 나한테 섭섭해서 저러나 보다.' 이런 생각까지 하신 것 같아요. 근데 이럴 때 강아지의 마음은 '삐졌다'기보다 '긴장하고 있다, 겁내고 있다'에 더 가깝습니다. 한마디로 강아지들이 얼어 있는 거죠.

솔직히 이 말이 하고 싶은데, 강아지한테 화내셨죠? 보호자가 화를 내면 강아지가 무서워서 이렇게 언 상태로 가만히 있는 경우도 많거든요. 아니면 보호자가 보여 주었던 동작들이 좀 커서 그럴 수도 있답니다.

강아지한테 조금 더 부드럽게 대하면 이런 행동은 하지 않을 거예요. 그리고 강아지가 그렇게 있을 때 다가가서 "야, 미안해! 화 풀어!" 이렇게 하는 것보다는, 앉은 상태로 손을 살짝 내밀어서 강아지가 나한테 오는지 안 오는지 먼저 확인하는 것이 좋습니다. 강아지가 다가오면 그때 만져도 주고, 말도 걸고, 예뻐도 해 주세요. 그러면 섭섭했던 마음이 많이 풀릴 거예요.

가장 좋은 화해 방법은 산책이니까, 산책 나가세요. 정말이에요, 데리고 나갔다 들어오면 싹 풀려 있을 겁니다!

Q 

045

식사할 때면 옆에서 대변보는 강아지, 저만 먹는다고 복수하는 건가요?

아닙니다!

아마도 이 강아지는 보호자가 식사할 때 그 옆에서 한두 개씩 얻어먹었던 경험이 있을 겁니다. 그러다 어느 순간 보호자가 '이러면 안 되는데, 이제 주지 말아야지!'라고 생각하고 이런 행동을 멈췄겠죠. 그러면 강아지는 '왜 달라고 했는데도 주지 않지?' 이러면서 조금은 흥분도 하고 긴장도 할 수 있답니다. 강아지들은 흥분하거나 긴장하면 용변을 보고 싶은 욕구가 생기니까 보호자가 식사를 할 때마다 그 옆에서 대변을 봤던 것 같아요.

근데 유독 대변을 본 경우에 보호자가 "이거 무슨 냄새야? 아, 응가 했네!" 이런 반응을 보이면서 치워 주잖아요. 그러면 강아지 입장에선 자신한테 무관심하던 보호자가 관심을 보이니까 이런 행동이 효과가 있다고 생각하게 되는 겁니다.

그리고 또 하나, 강아지들이 배변 패드에 용변을 잘 보면 칭찬을 해줘야 한다는 생각에 간식을 주시는 보호자들이 많거든요. 그럼 강아지들은 머릿속으로 이런 생각들을 해요. '오호! 보호자가 밥 먹을 때 내가 용변을 보니 간식을 주네? 내가 보호자한테 간식 달라고 조르고 떼쓰는 건 아무 소용이 없었는데, 용변을 보니까 훨씬 더 효과가 있네?' 이런 생각 때문에 식사하는 보호자 옆에서 용변을 보는 경우도 많답니다.

먼저, 간식을 줄 생각은 아예 하지 마시고요. 식사 도중에 강아지가 용변을 보면 덤덤하게 치우시고 아무것도 하지 마세요. 사실 더 좋은 방법은 용변을 치우지 않는 거랍니다. 대변을 보든 소변을 보든, 냄새가 좀 나더라도 관심을 보이지 말고 끝까지 식사를 하세요. 이렇게 반복하다 보면 반려견이 용변을 안 보게 될 확률이 굉장히 높습니다.

이것보다 더 좋은 방법은 식사하시기 전에 강아지를 데리고 가볍게 산책을 나가서 용변을 보게 하는 거예요. 이렇게 하면 아마도 식사 도중에 용변 보는 행동은 자연스럽게 없어질 겁니다. “대체 왜 그랬어!” 이러면서 혼내거나 지적하는 것보다 이 방법이 훨씬 더 효과가 있을 거예요!

Q 046

눈이 안 보이는 강아지를 데리고 산책하면 불안해할까요?

그럴 수도 있습니다.

눈이 안 보이는 장애견을 키우고 있습니다. 이런 강아지들은 산책하러 나가면 좋아할까요? 아니면 불안해할까요?

이런 강아지들도 물론 산책하는 걸 좋아합니다. 정말 죽기 전까지 밖에 나가서 산책하고 냄새 맡고 싶어 하는 게 강아지예요. 문제는 겁도 같이 낸다는 겁니다. 특히나 이런 강아지와 산책을 나갔을 때 보호자가 절대 하면 안 되는 행동이 뭐냐면 낯선 강아지가 내 강아지에게 다가오게 하는 것입니다. 절대 안 돼요!!! 왜냐면 이 강아지는 볼 수가 없기 때문에 다른 강아지들과 '카밍 시그널calming signals, 개들이 자신과 상대방을 진정시키고 안정을 찾고 싶을 때 사용하는 몸짓 언어'을 사용해 대화하는 것이 아예 불가능하거든요. 그래서 낯선 강아지가 갑자기 다가와 냄새를 맡거나 하면 놀라서 으르렁거리거나 물려고 할 수도 있답니다. 건강한 강아지를 기르시는 분도 마찬가지예요. 강아지가 다가가서 냄새를 맡고 싶어 할 땐 먼저 상대방의 허락을 받는 게 좋습니다. 특히 몸이 불편하다든가 어딘가 아픈 강아지들은 두려움을 더 크게 느끼기 때문에 더 조심을 해 주셨으면 좋겠어요.

이런 강아지들을 위한 팁을 좀 드리면, 산책을 할 때 주로 가던 곳만 가는 게 좋아요. 산책 루트를 일정하게 정해 놓고 짧게, 자주 다니는 게 좋습니다. 그 길에 강아지가 아는 사람 두세 명이 기다리고 있다가 강아지가 나타나면 냄새도 맡게 하고, 간식도 주고, 예뻐도 해 주세요. 그러면 강아지가 '오! 내가 아는 사람이네!' 이러면서 마음을 좀 더 편안하게 가질 수 있어요. 이때 사람들이 기다리고 있는 지점을 매일 조금씩 바꿔 주면 강아지가 산책에 더 자신감을 가질 수 있답니다. 아마도 강아지 입장에선 산책을 나갈 때마다 이 만남을 기대하며 걷게 될 거고 또 밖에 나가면 친한 사람들이 기다리고 있다는 생각에 더 신나고 즐겁게 산책을 하게 될 거예요.

장애견을 돌보는 것은 무척 어렵고 힘든 일이에요. 그럼에도 불구하고 이 친구는 아마 우리 보호자님처럼 좋은 분하고 함께 하는 하루하루가 너무 즐겁다고 생각할 겁니다. 할 수만 있다면 제가 말씀드린 대로 한번 산책해 보세요. 강아지가 너무 즐거워하고 감사해할 거예요.^^

Q
047

천둥이 치면 낑낑대는 강아지, 진정시킬 방법이 있을까요?

있어요!

천둥이 치면 강아지들이 많이 무서워하죠? 괜찮다고 안아도 주고 좋아하는 간식을 줘 봐도 긴장을 풀지 못하고 계속 낑낑대고 벌벌 떠는 강아지들이 무척 많답니다. 이럴 때 좋은 방법이 없는지 많은 보호자들이 궁금해하실 것 같아요.

저희 다올이도 천둥소리를 무서워합니다. 사람들은 소리가 들려야 천둥이 치는 걸 아는데 다올이는 천둥이 칠 것 같은 전조를 미리 아는 것 같아요. 그때마다 제가 쓰는 방법이 있어요. 그냥 집 안을 천천히 걸어 다니는 거예요. 다올이가 무서워하며 어딘가에 숨어 있으면 절대 억지로 끌어내지 않습니다. 단지, 보란 듯이 당당하게 집 안을 왔다 갔다 움직이거나 천둥소리가 들려오는 현관이나 발코니 같은 곳에 서서 가만히 있어요. 이 방법이 강아지를 진정시키는 데 조금은 도움이 된답니다.

사실 천둥에 대한 무서움을 극복하는 게 쉽지는 않아요. 어떤 강아지는 천둥이 치면 너무 긴장해서 식욕까지 잃어버리기도 해요. 꼭 천둥, 번개가 아니라 불꽃놀이 할 때 나는 폭죽 소리 같은 것에도 비슷한 반응을 보일 수 있습니다. 이때는 보호자가 얼마나 침착한 모습을 보여 주는가가 가장 중요하답니다. 저는 다올이가 스트레스를 너무 심하게 받는 것 같으면 가슴줄을 매고 집 안을 천천히 왔다 갔다 하면서 "괜찮아~ 괜찮아~." 이렇게 해 주거든요. 그러고 나면 처음보다는 좀 나아진 모습을 보이기도 해요.

장마철엔 비도 많이 내리고 천둥도 자주 치잖아요. 그때 제가 말씀드린 이 방법을 써 보시면 아마 도움이 될 겁니다.

Q
048

제가 샤워하고 나오면
제 몸의 물기를 핥아 먹어요.
닦아 주는 건가요?

닦아 주는 건 아니에요.

ㅎㅎㅎ 닦아 주는 건 절대 아니고요.

보호자 몸에 물기가 있으니까 위험하다고 생각해서 핥아 주는 거랍니다. "아유~, 물기가 많네요. 어서 수건으로 닦아요."가 아니라 "보호자님, 지금 몸 상태가 이상해요! 빨리빨리 닦아요!" 이런 마음으로 반려견도 옆에서 같이 도와주는 거예요.

저희 다올이도 자주 이런 행동을 하는데 진짜 심하게 하는 건 바로예요. 제가 샤워하고 몸에 물기를 묻혀 나오면 바로가 "헉! 어떻게 몸에 물을 묻히고 있어?" 이런 느낌으로 다가와서 계속 핥아요. 그럼 제가 농담 삼아 말하죠. "오빠는 괜찮아, 오빠 물에 빠진 거 아니니까 걱정하지 마~." 그럼 금방 그칩니다. 이렇게 강아지들은 보호자를 걱정해서 물기를 핥는 거랍니다. '보호자님이 이상해졌다, 우리 보호자님이 위험하다.'는 생각으로 말이죠.

이런 강아지들일수록 물에서 놀다 나왔을 때 몸에 있는 물기를 닦기 위해 땅에 온몸을 비벼대는 경우가 많아요. 한마디로 보호자뿐만 아니라 자신의 몸에 물기가 있을 때도 예민하게 반응할 가능성이 큽니다. 그리고 또 하나, 질문 속 강아지의 견종이 코카 스파니엘이라고 하니 혹시 귀가 조금 안 좋을 수도 있겠다는 생각이 들어요. 귀가 안 좋은 친구들일수록 물이 몸에 닿는 것에 대한 거부감이 좀 크거든요. 자기가 물에 거부감이 있으니까 보호자도 그럴 거라 생각하고 "어휴, 위험해! 위험해!" 이러면서 핥아 주는 것일 수도 있습니다.

강아지가 이런 행동을 한다면 샤워 후에 빨리 물기를 닦아서 강아지의 걱정을 덜어 주세요. 그렇게만 하면 큰 문제는 없을 겁니다.

Q 049

매일 거울 보는 강아지, 혹시 나르시시즘에 빠진 걸까요?

음…, 잘 모르겠어요.

매일 거울 보는 강아지! 혹시 나르시시즘에 빠진 걸까요? 제가 좌식 화장대를 쓰는데 매일 화장대에 앞발을 디디고 서서 가만히 거울을 바라봅니다. 사람이 거울을 보듯 자신의 얼굴을 감상하는 걸까요?

대부분의 사람들이 거울을 보며 자신의 얼굴을 감상하나요? 음, 저는 한 번도 그런 적이 없는데….

우선, 반려견들은 거울 속 강아지가 자신이라는 걸 인식하지 못해

요. 반면에 원숭이는 거울 속 자신의 모습을 인식할 수 있다고 합니다. 원숭이 머리에 포스트잇을 붙인 다음 거울을 보여 주면 거울을 쳐다보며 자신의 머리에 붙은 포스트잇을 떼어 낸답니다. 그런데 강아지들은 거울을 보면 놀라요. "너 누구야? 왜 날 쳐다봐? 넌 왜 그렇게 생겼니?" 이러면서 말이죠.

물론, 거울 속에 보이는, 나랑 똑같은 행동을 하는 강아지를 봐도 놀라지 않는 반려견들도 있습니다. 제가 봤을 때 이 강아지는 사회성이 좋을 가능성이 높아요. 다른 식으로 말하면 조금은 의연하다고 할까, 마음의 여유가 있어서 거울 속 상대에 대해 크게 어려워하지 않는 것일 수 있으니까, 괜찮아요. 너무 고민하지 마시고요.

강아지 머리에 포스트잇을 붙여 놓고 한번 지켜보세요. 그냥 머리에 뭐가 붙어 있는 느낌 때문에 떼는지 아니면 거울 속 모습을 확인한 후 "왜 이런 게 붙어 있지?" 이러면서 떼는지 한번 관찰해 보세요. 혹시 모르잖아요. 보호자님의 강아지가 세계에서 최초로 거울 속 자신을 인지하는 강아지일 수도. ㅎㅎㅎㅎ

만일 정말 그렇다면 동영상 찍어서 저한테 꼭 보내 주세요!

Q

050

산책 후 이불에 등을 비비는데, 간지러워서 그런 건가요?

아닙니다!

어떤 강아지들은 산책을 다녀온 후 곧장 이불에 뛰어들어 배를 보이며 '부비부비'를 하기도 해요. 기분이 좋아서 그러는 건가, 간지러워서 그러는 건가 궁금하시죠?

기분이 좋아서 그럴 수도 있어요. 하지만 산책을 어렵게 느끼기 때문에 긴장이 돼서 그럴 수도 있죠. 사실 산책을 나가면, 오토바이가 빠른 속도로 지나가고, 자동차도 많이 다니고, 어떤 것에 호기심이 생겨 다가가려 하면 보호자가 못 가게 하고…. 놀랄 일도 많고, 못 하게 하는 것도 많죠. 이런 상태로 집에 돌아온 강아지는 초음속으로 '쓩~' 다리가 안 보일 정도로 뛰어다니기도 하고 때론 이불에 등을 비비기도 합니다.

너무 걱정할 필요는 없어요. 다음번엔 등을 비비고 난 후에 산책을 한 번 더 갔다 와 보세요. 다시 나갔다 왔는데도 똑같은 행동을 한다면 진짜 산책을 좋아해서 그러는 겁니다. 등을 비비지 않는다면 첫 번째 산책에서 충분히 해소되지 않았던 긴장감이 두 번째 산책으로 많이 풀렸기 때문일 수 있습니다.

그때그때 행동에 따라서 등을 비비는 이유가 무엇인지 알 수 있답니다. 너무 걱정하지 않으셔도 돼요.^^

Q

051

강아지도 한숨을 쉬나요?

한숨을 쉽니다!

한참 놀아 주다가 이제 "그만~" 하고 멈추면 철퍼덕 주저앉거나 엎드려서 한숨을 '푸욱~' 쉬는데, 강아지도 정말 한숨을 쉬나요? 아니면 더 놀고 싶은 건가요? 그것도 아니면 별 의미가 없는 건가요?

강아지들이 쉬는 한숨의 의미는 사람하고 조금 비슷해요. 보호자가 "그만 놀자." 이러면 '아휴~, 지금 내가 질척거려도 더는 안 놀아 주겠지. 아휴~, 그럼 어쩔 수 없지 뭐, 좀 쉬자.' 이러면서 한숨을 쉬는 거죠.

아니면 보호자가 너무 크게 말해서일수도 있어요. "그만 놀자, 그만~~ 그만~!" 이렇게 너무 큰 행동을 사용하거나 강한 목소리로 말하면 그 순간 반려견은 '어우, 왜 저러지?'하고 깜짝 놀라 보호자의 행동을 멈추게 하려고 카밍 시그널 중 하나인 하품을 하기도 해요.

반려견에게 그만하자고 말하고 싶을 땐 목소리를 높이지 말고, 아주 담백하고 깔끔하게 '그만'이라고 하세요. 이렇게 했는데도 반려견이 하품을 하거나 '에휴~~'하고 한숨을 크게 쉬면 놀이를 그만두는 게 아쉬워서 그러는 게 맞아요.

반려견의 행동은 어떤 하나를 보고 '이것은 이런 의미입니다.' 이렇게 단순하게 말할 수 없습니다. 행동 하나에 담긴 진짜 의미를 알기 위해서는 다양하게 이런저런 것들을 해 봐야 한답니다.

Q

052

화장실에 따라 들어와 지켜보는데, 저를 지켜 주려는 건가요?

아닙니다!

저희 다올이도 비슷한 행동을 한답니다.

제가 화장실에서 큰일을 볼 때, 팔꿈치를 무릎 위에 올려놓은 자세로 변기 위에 앉아 있으면 두 팔꿈치 사이로 '딱' 들어옵니다. 정말 민망할 정도로 정면에서 다가와 저한테 안길 듯이 그러는데 그럼 저는 "어, 오지 마!" 이런 의미로 다올이를 막는답니다.

대부분의 강아지들이 이런 행동을 해요. 다올이는 제가 샤워를 하거나 화장실에 들어갔다 나오면 항상 문 앞에서 기다리고 있고요, 서재에서 공부를 하고 있으면 항상 제 옆에 같이 있어요. 다올이가 저를 많이 좋아하죠.
이와 비슷하게 이 강아지도 보호자가 그냥 너무 좋아서 화장실에 들어갔을 때조차 같이 있고 싶어 하는 것 같아요.

그리고 한 가지 알려드리자면, 개들은 대변을 통해서 굉장히 많은 정보를 얻어요. 화장실에서 냄새를 맡으면서 '보호자님이 뭘 먹었나? 소화는 잘 됐나?' 이런 정보를 얻고 싶어 하는 것일 수도 있죠. 이 강아지도 아마 보호자에 대해 더 많이 알고 싶고, 더 잘 이해하고 싶어서 따라 들어오는 게 아닐까 합니다.

걱정하지 마세요! 어떤 면에서 보면 보호자를 지켜 주려고 하는 것일 수도 있겠네요. 어쨌든 보호자하고 같이 있고 싶어 한다는 건데, 괜찮아요. 많은 강아지가 이렇게 행동하니까요. 강아지와 너무 잘 지내고 계신 것 같아서 보기 좋습니다.^^

Q 053

강아지들도 가끔 추억을 떠올리나요?

저도 그랬으면 좋겠습니다.

강아지도 추억이 있나요? 초보 반려인으로서 6개월 된 포메라니안을 주말마다 여기저기 데리고 다니는데요. 강아지들도 사람처럼 지난 여행의 추억을 가끔 떠올리고 그럴까요? 강아지가 평일에는 주로 혼자 지내야 해서 주말에 최선을 다해 놀아 주는데, 강아지가 주말의 행복한 기억들을 가지고 평일을 견뎌 낼 수 있을까요? 부디 그랬으면 좋겠어요.

사연을 보내 주신 보호자님은 아마도 직장에 다니시는 것 같아요. 직장인이시면 주중에는 일 때문에 시간이 많이 없고 주로 주말에만 짬을 내서 산책을 하실 텐데요. 저도 강아지가 주말 동안 보호자와 여행 다녔던 일들을 기억하고 추억으로 삼았으면 좋겠습니다. 좋은 데 많이 데리고 다녔는데 기억 못 한다고 하면 안타깝잖아요.

강아지들은 보호자랑 떠나는 여행을 좋아한답니다. 정말, 정말 좋아해요. 그런데 이렇게 주말에 몰아서 한 방에 모든 걸 느끼게 해 주는 것도 나쁘진 않은데, 사는 데는 소소한 행복도 필요하잖아요. 소소한 행복은 '강도'보다 '빈도'가 더 중요하거든요. 주말엔 강아지랑 함께 멋진 데 다니고 여행도 가고 하시고요, 주중엔 잠깐이라도 산책을 해 주시면 강아지가 멋진 추억과 함께 소소한 행복까지 누릴 수 있게 되지 않을까 합니다.^^

Q 054

외출한 뒤 돌아오면 냄새를 맡은 후에 반겨 주는데 특별한 이유가 있나요?

이유가 있습니다!

여러 가지 이유가 있을 수 있어요. 이 내용만 보면 아마도 보호자님이 애주가가 아닐까 하는 생각도 살짝 듭니다. 술 먹고 들어오셔서 큰 소리로 강아지를 부르며 마구 예뻐해 주시는 건 아닌지, 만일 이렇다면 강아지 입장에선 그렇게 행동하는 보호자를 반겨 줄까 말까 고민하는 것일 수도 있습니다.

또 하나, 반려견들은 냄새를 맡는 행위를 통해 보호자의 하루에 대해 알게 됩니다. 보호자한테 나는 냄새를 맡으면서 아침에 뭘 먹었

는지, 밖에 나가서 어떤 사람을 만났는지 등을 알아내는 것이죠.

저 같으면 제가 먼저 강아지에게 냄새를 맡게 해 줄 것 같아요. 특히 퇴근하고 돌아왔을 때 강아지한테 무조건 "이리 와!"라고 소리치지 말고, "나 오늘 밖에서도 잘 지냈어. 이렇게 무사히 돌아왔잖아!"라는 의미로 강아지한테 냄새를 충분히 맡게 해 주세요.

팁을 하나 드리자면, 외출하고 들어올 때 낙엽이나 나뭇가지 같은 걸 가져 와서 강아지한테 선물해 보세요. 우리 어렸을 때를 생각해 보면, 아빠가 퇴근하고 들어오시면서 붕어빵 같은 거 사오면 굉장히 좋았잖아요? 그런 느낌을 강아지들이 느낄 수도 있답니다. 그리고 이런 선물들은 직접적으로 보호자의 냄새를 맡는 걸 어려워하거나, 보호자를 대놓고 아는 척하기 쑥스러워하는 강아지들에게 더 좋답니다. 그런 상황만 되면 살짝 긴장하는 강아지들에게 보호자가 아닌 다른 사물들의 냄새를 맡게 해 주면서 긴장을 풀어 주는 거죠.

간혹 보호자를 너무 좋아하는 나머지 약간은 소극적으로 행동하거나, 헤어졌다 다시 만나는 과정에서 생긴 긴장감을 숨기고 싶어서 반가워하기 진에 먼저 냄새를 맡는 것일 수도 있으니까 너무 염려하지 마세요!

Q
055

가족끼리 말다툼하고 난 후엔, 화목한 모습을 보여 줘야 하나요?

음…, 그런가요?

개들은 보호자가 싸우면 우리 공동체에 문제가 생겼다고 생각하고 그것을 해결하고 싶어 한답니다. '우리 가족에게 지금 문제 많으니까 우리 주변에 오지 마! 문제가 더 커지면 안 되잖아!' 이런 마음으로 조그마한 자극에도 주변을 경계하고 짖는 친구들이 굉장히 많아요.

가족들끼리 다투면 강아지는 정말 많이 불안해합니다. 보통의 강아지라면 식구들이 그렇게 다툰 후에 상대방에게 서로 "미안해요, 사랑해요." 이런 행동을 보여 줘도 오해를 풀진 않을 거예요. 이것보다 더 좋은 방법을 알려 드릴게요.

만일 엄마랑 싸운 후에 둘이 화해하는 모습을 강아지한테 보여 주고 싶다면 엄마가 퇴근하실 때 강아지랑 같이 마중을 나가 보세요. 멀리서 엄마의 모습이 보일 때 "엄마다! 엄마한테 가자!" 이러면 강아지도 엄마를 보고 막 즐거워하겠죠. 그 과정 자체가 엄마랑 나, 강아지 이렇게 셋이 있을 때 '즐겁고 행복하다'는 것을 한 번 더 확인시켜 줄 수 있으니까, 강아지들한텐 이런 방법이 더 효과적일 겁니다.^^

Q

056

강아지도 같은 친구를 자주 만나면 질리나요?

그럴 리가요~.

강아지도 친한 친구끼리 자주 만나다 보면 질리나요? 매일 보는 친구인데 요즘엔 만나도 즐거워하지 않아요. 처음엔 2시간 동안 둘이 쉬지도 않고 놀았거든요. 이제 질린 걸까요?

친구가 질리는 사람도 있습니까? 오래 만난 친구일수록 더 편하고 좋잖아요. 강아지들도 처음 낯선 친구를 만나면 마치 "너 어디 살아?", "너 누구야? 너 뭐 좋아해?" 이런 질문을 주고받듯 함께 흥분해서 막 뛰어놀 수 있어요. 엎치락뒤치락하면서 장난으로 몸싸움도 하고, “네가 도망가면 내가 잡아 볼게!” 이렇게 서로 쫓기도 하면서 신나게 놀죠.

그러다 이제 어느 정도 서로에 대해 알았다 싶으면 매번 만날 때마다 호구 조사부터 다시 시작하는 게 아니라 “아, 너구나. 어머니 잘 계셔?” 이런 느낌으로 서로 아주 편안해지는 거예요.
보호자님이 걱정하시는 것과 달리 저는 강아지들이 이런 친구들을 많이 사귀고 자주 만났으면 좋겠습니다. 사람들도 그렇잖아요. 좋은 친구 만나게 해 주신 거니까 아무 걱정 마세요.^^

Q 057

강아지도 결벽증이 있나요?

결벽증…? 아니요!

대변을 보기 무섭게 도망가는 강아지가 있어요. 그러다 보면 배변 패드가 아닌 곳에 대변이 떨어지기도 하죠. 그리곤 슬쩍 와서 냄새를 맡고 다시 도망가요. 왜 이러는 걸까요? 정말 결벽증이라도 있는 걸까요?

제 생각은 좀 다릅니다. 아마도 예전에, 강아지가 대변을 보고 있을 때 놀라게 했다거나 말을 걸었다거나 그런 일들이 있었을 거예요.

아니면 강아지가 대변을 땅에 떨어뜨리기도 전에 보호자가 그걸 받으려고 했다거나 혹은 용변 실수를 했을 때 "야~, 너 거기다 누면 어떡해!"하고 혼을 냈다거나, 반대로 대변을 알맞은 곳에 봤을 때 칭찬해 주려고 "아이고, 잘 했네~." 이러면서 박수를 치고 소리를 질렀을 수도 있죠.

이 모든 행동들이 반려견을 굉장히 두렵게 해서 더 이상 보호자한테 용변 보는 모습을 보여 주고 싶어 하지 않는 것일 수도 있습니다. 그동안 무슨 일들이 있었는지 천천히 되돌아보면 문제의 원인을 파악할 수 있을 것 같아요. 너무 염려하진 마시고요, 강아지를 잘 관찰해 보세요!

Q 058

강아지 소리를 내면 제가 강아지인 줄 알까요?

아니요! ㅎㅎㅎㅎ

🐾 강아지로 착각한다기보다 '저 사람이 왜 개 소리를 내지?' 이렇게 생각할 겁니다.
강아지들은 개와 사람을 구분해요. 아주 오랫동안 사람하고 살아오기도 했고 그 과정에서 사람들에 의해 선택적으로 개량되었기 때문에 '사람'이라는 존재를 구분해서 인식할 수 있는 거죠.

반려견은 기본적으로 사람이 '사람 소리'를 낼 때 편안해 해요. 아마도 개 울음소리를 흉내 냈다고 하면 '아오~, 아오~' 이런 하울링 소리를 말하는 것 같은데, 강아지는 그 소리를 듣고 '나의 보호자가 불안해하는구나!'라는 생각에 놀라서 짖었을 거예요.

그런데 사람인지 아닌지 강아지들이 좀 혼란스러워 하는 경우도 있어요. 목발을 짚고 걷는 사람을 보거나, 휠체어를 본 경험이 한 번도 없는 상태에서 휠체어 탄 사람을 봤을 때 그리고 우비를 입거나 동물 탈 같은 걸 쓴 사람을 봤을 땐 많이 혼란스러워 합니다. 또 7세 미만의 미취학 아동들처럼 뛰는 걸 좋아하고 고음을 내지르고 행동도 부산스런 아이들을 보면 강아지들은 '사람인가?' 이러면서 혼란스러워 하기도 해요.
이런 경우도 있어요. 한두 살 정도 되는 어린아이들은 걷다가 넘어지기도 하고 바닥을 막 기어다니기도 하잖아요. 강아지들은 이런 아이들을 토끼나 작은 사슴 정도로 잘못 생각하기도 한답니다. 조금은 위험한 상황이라고 할 수 있죠.

어쨌든 보호자님이 개 울음소리를 낸다고 개로 인식하지는 않습니다. 재밌는 질문이긴 한데, 이젠 그러지 마세요.^^

Q 059

반려견이 무지개다리를 건넜어요.
남은 반려견에게 말해 줘야 할까요?

저는 말해 줄 거예요….

기르던 강아지가 무지개다리를 건넜어요. 같이 지내던 강아지에게도 말을 해 주는 게 좋을까요? 자꾸 눈물이 나고, 이름도 내뱉기 힘들어 아직도 말해 주지 못했어요.

반려견과 함께 살고 있는 분들이라면 한 번쯤 떠올려 봤을 이야기입니다.

한 달 전, 저희 집 반려견 다올이도 치료를 받다 죽을 수 있다는 이

야기를 들었어요. 그때 저도 '만약에 다올이가 죽는다면 남아 있는 첼시랑 바로한테 어떻게 이야기를 해 줘야 하나….' 이런 고민이 들었습니다.

정답은 없는 것 같아요. 저도 고민이 많이 될 것 같습니다. 먼저 "다올이는 좋은 곳에서 잘 지내고 있단다."라고 이야기할 것 같고…. 저희 집도 다견 가정이니, 언젠가는 저희 집 반려견 중에서도 무지개다리를 건널 녀석이 생길 건데, 그 무엇보다 우리가 모두 한 가족이었다는 것을 잊지 않고 기억하고 싶어요.

힘내세요, 보호자님! 아마 강아지도 항상 고마운 마음이었을 거예요. 끝까지 보호자로서의 역할을 다 해 주셔서 고맙고요, 보호자님과 함께여서 강아지는 행복했을 겁니다!

Q

060

보호자가 없을 때는 벨 소리가 나도 짖지 않아요. 무서워서 안 짖는 걸까요?

그럴 수도 있습니다!

평소엔 벨 소리를 엄청 경계하면서도 보호자가 집에 없을 땐 벨 소리가 나도 안 짖는 강아지들이 있어요. 보호자가 곁에 없으니까 무서워서 안 짖는 거냐고 묻는 분들이 굉장히 많습니다. 제가 지금 교육을 맡고 있는 강아지들의 절반 정도가 이런 친구들인데요, 사실 이런 행동이 전혀 나쁘거나 잘못된 건 아니랍니다.

갑작스럽게 소리가 들릴 때 보호자가 옆에 있으면 "보호자님! 밖에서 무슨 소리가 났어요!" 이런 의미로 "멍멍! 멍멍!" 짖는 거랍니다. 근데 보호자가 없으면 밖에서 무슨 소리가 나도 물어볼 사람이 없으니까 짖지 않는 거죠.

이상한 소리가 났다고 알려 줄 보호자가 없을 때 강아지들이 짖지 않고 조용히 있는 건 무척 자연스러운 행동이에요. 오히려 보호자가 옆에 있을 때 너무 과하게 반응하면서 짖어대는 것이 문제입니다.

이렇게 격하게 반응하는 강아지들을 위한 해결책을 하나 알려드릴게요. 이런 강아지들은 어쩌면 보호자에게 과한 애정을 받고 있을 수도 있어요. 아니면 평소에 강아지에게 계속해서 말을 거는 경우일 수도 있고요.

이런 환경에서 자란 반려견들은 '나한텐 우리 보호자님밖에 없어! 다른 반려견이나 다른 사람들하고 잘 지내야 할 이유가 없다고!'라는 생각을 갖기가 쉽기 때문에 유독 보호자가 옆에 있을 때 과한 반응을 보이게 되는 거죠.

집에 있는 반려견이 이런 행동을 보인다면, 강아지에게 주는 애정을 조금 줄여 보세요. 그리고 다른 사람, 다른 반려견과 친해질 수 있는 기회를 좀 더 주시면 이런 행동들이 조금씩 줄어들 거예요.

너무 걱정하지 마세요. 보호자 없이 혼자 집에 남은 반려견들이 조용하고 얌전하게 있는 건 무척 정상적인 행동입니다!

생뚱맞은 Q&A

Q 강아지들끼리 만나면 집사 이야기를 할까요? 보호자의 장점이나 칭찬 같은 거요. 강아지가 친구들을 만나면 무슨 대화를 하는지 궁금해요!

A 안 했으면 좋겠는데…. ㅎㅎ

제 생각엔 할 것 같아요. "우리 보호자가 있잖아, 어제 나한테 뭐 사다 주고…." 이러면서 말이죠. 저도 훈련사님들하고 이야기할 때 시간이 너무 늦었다 싶으면 "강아지한테 늦는다고 카톡 좀 보내세요." 이런 농담 많이 하거든요. 근데 아마 강아지들끼리 만나면 굳이 어떤 이야기를 하지 않더라도 서로들 잘 알 거예요. 말로 하는 것보다 아마 훨씬, 훨씬 더 많이 알 거예요.
근데 이 질문을 하신 보호자님은 자신이 있으신가 봐요? 주로 자랑을 막 해 줬으면 하는 분들이 이런 고민을 하시더라고요. ㅎㅎ

생뚱맞은 Q&A

Q 강아지도 슬플 때 눈물을 흘리나요? 우리 집 강아지는 혼자 있거나 아플 때 눈물을 흘리는 것 같은데 슬퍼서 그러는 걸까요?

A 아…, 아니라고는 합니다.

슬퍼서 눈물을 흘리는 건 사람밖에 없다고 책에서 본 것 같아요. 그런데 사람들의 이야기는 좀 다르더군요.
"우리 집 강아지는 제가 멀리 떠날 때 정말 슬퍼서 눈물을 흘리더라고요."
"군대에 있을 때 군견병(군사적 목적을 위하여 개를 특별히 훈련시키고 관리하는 병사)이었는데 전역할 때 제가 담당했던 군견이 눈물을 흘리더라고요."
이런 이야기들을 많이 듣다 보니 어떤 게 사실인지 저도 잘 모르겠어요. 이 문제는 어떤 사람도 정답을 알지는 못하는 것 같아요. 그런데 저는 믿으려고요. 강아지들도 슬프면 눈물을 흘린다고…. 전 그렇게 믿고 있습니다.

PART 04

강아지들만
아는,
우리는 모르는

강아지가 어딜 만지면 좋아하는지
어딜 만지면 싫어하는지 이런 것보다 더 중요한 것은
'누가 만지는가'입니다.
강아지와 신뢰 관계를 잘 쌓아 놓았다면
어디든 부드럽게 살짝 만지는 것엔
크게 거부 반응을 보이지 않을 거예요.

특히 처음 보는 강아지라면
손바닥보다는 손등을 내밀어 냄새를 맡게 해 주는 것이
강아지들의 마음을 좀 더 편안하게 만든답니다.

Q 061

매일 같은 길로 산책하면 지겨워하나요?

꼭 그런 것은 아닙니다.

강아지들도 매일 같은 길로 산책하면 지겨워하나요? 가끔 뒷산에 올라갈 땐 엄청 좋아하는데 자주 가는 산책로를 걸을 땐 별로 안 신나 보여요.

'지겨워한다'기보다 '새로운 장소에 갔을 때 신나 한다'라는 표현이 더 적합할 것 같아요. 낯선 장소에 가서 이 냄새도 맡고 저 냄새도 맡고 그러는 게 강아지들에겐 너무 재밌는 일이긴 해요. 그런데, 매번 새로운 곳만 간다거나 매일 다른 사람들을 만나는 건 강아지가 산책 자체를 '흥분되는 일'로만 여길 수가 있어서 적절하게 조절해 주는 게 좋습니다.

겨울이라도 산책 재밌게, 많이 할 수 있거든요! 길에 사람들이 별로 없으니까요. 또 '강아지하고 가기엔 좀 먼데?'라고 생각했던 곳도 이번 기회에 한번 찾아가 보세요. 여름하고 다르게 재밌는 일들이 많이 생길 수도 있답니다. 산책 많이 하시고요! 겨울에는 강아지와 함께 산책하는 게 제일 좋은 운동이라고 생각합니다.

Q
062

강아지도 같은 견종끼리 서로를 알아보나요?

알아봅니다!

강아지들도 같은 견종끼리 서로 알아보는지 궁금하시죠? 닥스훈트 강아지가 다른 닥스훈트를 보면 "너도 닥스훈트구나!" 이렇게 말이죠.

이게 "너 닥스훈트구나! 너 웰시 코기구나!" 이렇게 정확하게 알아본다기보다 아마 자기와 겉모습이 비슷하다는 것 정도만 알 거예요. 또 하나는, 같은 견종끼린 사용하는 보디랭귀지들이 비슷하잖아요. 특히 보스턴 테리어나 프렌치 불도그, 시츄 같은 단두종머리가 짧고 코가 눌린 견종들은 기분이 너무 좋을 때도 표정은 기분이 나쁜 것처럼 보이거든요. 그래서 다른 견종의 강아지들은 머리도 크고 앞가슴도 큰 단두종 친구들을 무서워하기도 하는데, 자기들끼리는 정말 잘 지낸답니다.

한편으론 서로 궁합이 잘 맞는 견종들도 있어요. 특히 보더 콜리하고 진돗개 두 견종은 성격이 조금 예민하고 빨리 뛸 수 있는 능력을 가지고 있어서 같이 놀 때 서로 놀리면서 도망도 가고 쫓아도 가고 하면서 잘 어울려요.

이렇게 반려견들은 상대 강아지의 견종에 대해 알기도 하고, 저 강아지가 다리가 긴지 짧은지에 대한 이해도 있고요, 또 나이가 많은 개인지 아닌지도 안답니다. 아셨죠?

Q 063

**잘 때 제 옆에 장난감을 물어다 놓아요.
왜 그러는 건가요?**

이유가 있습니다.

침대에서 같이 자는데 자다 보면 아끼는 장난감을 물고 와서 제 주변에 둬요. 제가 몸을 뒤척일 때마다 '삑삑' 소리가 나서 잠을 깰 때도 있죠. 보통 4개 정도 물어다 놓는데, 왜 그러는 걸까요?

두 가지 이유가 있습니다.
하나는, 그냥 내가 갖고 놀고 싶은 장난감들을 가지고 와서 놀려고 하는 거고요. 또 하나는 보호자를 지키기 위해서 자신이 좋아하는 물건을 그 옆에 가져다 두는 거예요. 반려견들은 정말 아끼고 좋아하는 대상이 있을 땐 그 근처에 자신이 좋아하는 것들을 갖다 둔답니다.

혹시 보호자님이 주무실 때 강아지를 툭 치면 강아지가 화들짝 놀라거나 으르렁거린다거나 실제로 공격을 하기도 하나요? 그렇다면 꼭 반려견 훈련사를 찾아가 보세요. 그렇지 않고 장난감을 치워도 별로 신경 쓰지 않으면서 장난기 가득한 모습으로 다시 물고 오면 그건 그냥 강아지가 보호자를 너무 좋아하고 보호자와 같이 노는 게 너무 즐거워서 그런 거니까 염려하지 않으셔도 된답니다.

주무시기 전에 장난감을 치우면 훨씬 더 좋지 않을까 생각하고요. 또 장난감을 다 치워 버리면 밤사이 강아지가 쓸쓸하고 심심할 수 있잖아요? 그럴 땐 장난감을 치운 다음 강아지와 같이 가볍게 산책 한번 나가서 바람도 쐬고 용변도 보고 들어오면 장난감 없이도 잘 잘 수 있을 거예요.

너무 염려하지 마시고요. 괜찮아요, 장난기일 수 있어요. 으르렁거린다거나 공격적인 행동만 보이지 않는다면 전혀 문제없습니다.

Q

064

창밖을 자주 내다봐요.
산책이 가고 싶은 건가요?

그럴 수 있습니다!

가끔 아파트나 빌라, 원룸 같은 곳을 바라보면 강아지가 고개만 밖으로 내밀고 있는 경우가 있어요. 조금은 위험하게도 보이는데요.
기본적으론 밖에 나가고 싶은 마음에 그러는 걸 거예요. 밖에 나가서 걷고 싶고, 냄새 맡고 싶고…. 아시잖아요, 강아지들이 얼마나 산책을 좋아하는지. 하루에 한 번 정도 산책하면 된다고 생각하는 분들이 많은데, 아닙니다! 두 번이면 더 좋고요. 세 번이면 더, 더 좋고요. 네 번이면 더, 더, 더 좋아요!
또 하나는, 경계하는 행동일 수도 있어요. '밖에 수상한 사람이 있나? 쫓아 버릴까?' 이런 마음으로 밖을 내다보기도 한답니다.

어떤 강아지들은 밖을 내다보다가 보호자의 차와 비슷한 차가 지나가면 발을 동동거리면서 반가워하기도 한다더군요. 이처럼 창밖을 내다보는 행동이 보호자나 가족을 그리워하며 기다리는 것일 수도 있으니 이럴 땐 강아지를 데리고 밖으로 나가 주세요.

저는 가끔 이런 강아지들을 보면 안쓰럽다는 생각이 들어요. 보호자님들, 산책 좀 자주 나가 주세요. 한 번 산책했어도 또 데리고 나가 주시면 아마 우리 강아지들이 엄청 감동 받을 겁니다.^^

Q

065

강아지도 패션에 대한 감각이나 취향이 있나요?

ㅎㅎ 그런 게 어디 있어요.

겨울이 되면 강아지가 추워할까봐 옷을 입히는 경우가 많습니다. 근데 어떤 옷을 입혔을 땐 강아지가 신경 안 쓰고 잘 노는데 어떤 옷을 입혔을 땐 못마땅한 표정을 짓기도 하죠. 혹시 강아지에게도 패션에 대한 취향이 있는 걸까요?

옷에 대한 나름의 취향을 가지려면 기본적으로 '자기'를 인지해야 해요. 그래야 '내가 상대방에게 어떻게 보일까?' 혹은 '나는 검은 옷이 좋아, 나는 흰색 옷이 좋아.' 아니면 '내 취향은 블링블링!' 이런 생각들을 할 수 있는 거죠.

근데 반려견들은 기본적으로 자신을 인지하는 능력이 조금 부족해서 옷에 대한 취향을 가지긴 어렵습니다. 하지만 이런 건 있어요. 발을 어렵게 넣어서 입어야 하는 옷이나 움직임을 방해하는 옷들 특히 겨드랑이와 발, 다리의 움직임을 막는 옷들은 불편해하고 싫어한답니다. 강아지가 못마땅한 표정을 지었다면 아마 이런 것들 때문이었을 가능성이 커요.

또 하나! 반려견들의 옷을 보면 어떤 옷은 가방이 달려 있는 것도 있고 심지어는 날개가 달린 것도 있더군요. 그런 옷들은 반려견들에게 계속 등 쪽에 뭔가 따라다니는 것 같은 느낌을 줄 수 있기 때문에 피하는 게 좋습니다.

그리고 반려견의 옷과 관련해서 중요한 것이 하나 있는데, 강아지한테 옷을 잘못 입히면 다른 강아지들이 안 놀아 줄 수도 있어요. 왜냐면 그 강아지가 입고 있는 옷을 무서워할 수도 있거든요. 뿐만 아니라 심하면 옷 때문에 다른 강아지에게 공격을 받을 수도 있답니다.

너무 화려하고 예쁜 옷보다는 편안한 옷을 입히는 게 좋고요. 제일 좋은 건 흙 색깔에 가까운 옷, 가장 자연하고 비슷한 옷을 입히는 거니까, 참고하세요!

Q 066

강아지가 수시로 엉덩이를 들이대는데, 무슨 뜻인가요?

좋은 거예요!

저희 강아지는 저랑 잘 놀다가도 갑자기 제 쪽을 향해 엉덩이를 들이대요. 손을 달라고 해도 엉덩이를 들이대고, 장난감을 물고 와서도 엉덩이를 들이댑니다. 대체 이게 무슨 뜻인가요?

이건 굉장히 자연스러운 행동인데요, 의미는 '즐겁다'라는 뜻입니다. 암컷 강아지와 수컷 강아지가 교미를 할 때 그 직전에 춤을 추는 것 같은 행동을 하는데 그때 서로 엉덩이를 보여 줬다가 치웠다가 보여 줬다가 치웠다 하는 동작을 반복하거든요.

결국 이 행동은 강아지가 '자신이 너무 좋아하는 친구, 좋아하는 사람, 좋아하는 장소'와 같이 이 모든 것들이 너무 좋을 때, 그래서 너무 기쁘고 행복할 때 하는 거랍니다. 절대로 나쁜 게 아니니까 걱정하지 마시고요, 강아지가 이런 행동을 하면 "아고, 예쁘다!"하면서 천천히 등을 긁어 주세요. 굉장히 좋아할 거예요.^^

Q

067

강아지도 베개를 베는 게 편한가요?

엄청 좋아하죠!

반려견들은 잠잘 때 자기 몸 전체를 완벽하게 숨기는 것보다는 몸은 어느 정도 숨긴 상태에서 얼굴만 살짝 내밀고 있는 자세를 가장 좋아해요. 자신의 몸을 완벽하게 은폐하면 누군가가 자기 쪽으로 다가오는지 살피기가 힘드니까, 고개 정도는 왔다 갔다 움직일 수 있게 머리를 어딘가에 살짝 기댄 채 빼꼼히 내밀고 있는 모습을 가장 좋아하는 것이죠. 강아지들이 머리를 베개에 많이 기대는 건 바로 이런 습성 때문입니다.

이런 행동을 많이 보이는 강아지일수록 조금은 수동적인 친구들이 많답니다. 성격이 적극적인데도 보호자의 머리맡에서 잔다면 조금은 긴장해야 할 필요가 있어요. 성격이 활달한 강아지들이 이런 행동을 하는 건 보호자를 소유하려는 마음의 표현일 수도 있거든요. 이런 강아지들은 함께 자다가도 보호자가 조금만 뒤척거리면 '으르렁' 소리를 내기도 합니다. 이럴 땐 조금 위험할 수도 있으니까 아예 같이 자지 않는 게 좋습니다.

또 다른 경우도 있어요. 잠들었을 때 유독 움직임이 많고 자주 뒤척이는 사람들이 있잖아요. 이런 보호자와 함께 자는 강아지들은 보호자하고 같이 자고 싶긴 한데 발밑에서 자다가는 느닷없이 발차기를 당할 것 같고, 옆에서 자도 휘두르는 팔에 한 대 맞을 것 같고, 결국 이런 것들을 피해 위로 올라가다 보니까 보호자의 머리맡에서 자기도 한답니다.

원래는 안 그랬는데 요즘 부쩍 강아지가 보호자의 머리 근처에서 잔다고 하면 자신의 잠버릇을 한번 확인해 보시고요, 그 다음엔 강아지의 몸 상태도 한번 살펴보시는 게 좋을 것 같습니다.

어쨌든, 베개를 베는 건 괜찮은 거예요. 굉장히 편안할 때, 보호자를 많이 좋아할 때 이런 행동을 한답니다.^^

Q 068

강아지도 낯선 사람과 둘만 남겨지면 어색해 하나요?

그럴 수도 있겠죠…?

어색하지 않을까요? 모르는 사람인데 어떻게 막 친한 척을 하겠어요? ㅎㅎ

저희 다올이 같은 경우엔 저랑 같이 있을 때는 낯선 사람에게 다가가 인사도 하고 냄새도 맡고 그러는데, 제가 그 사람이랑 다올이 단둘이만 놓고 잠깐 화장실이나 매점에 가면 그 사람을 아예 없는 사람 취급하면서 저만 기다리기도 합니다. 그러다 제가 돌아오면 다

시 그 사람한테 다가가서 예쁨도 받고, 같이 공놀이도 하고, 그러다 다시 제가 없어지면 제가 나간 쪽만 쳐다보고, 이래요.

아마 강아지들이 이렇게 행동하는 건 '보호자가 없어서 좀 불안하네.' 이런 감정일 거예요. 이럴 땐 낯선 사람이 강아지를 막 만지거나 큰 소리를 내지 않고 친절하게 대해 주는 게 좋답니다. 강아지한테 차분하게 다가가 인사하고, 함께 보호자를 기다려 주고, 맛있는 것도 주고 그러면 아마 낯선 사람이라도 강아지들은 괜찮아 할 것 같아요.

그런데 낯선 사람이 뻘쭘하게 휴대폰만 보고 있다면 아마 엄청 어색하겠죠?

Q 069

강아지가 숨겨 놓은 물건들, 몰래 치워야 할까요?

그럼요, 치워야 합니다!

6살짜리 닥스훈트를 키웁니다. 이 녀석이 어디서 찾았는지 이것저것 물어다가 자기 집에 숨겨 놓곤 하는데, 강아지가 보는 앞에서 그걸 치우면 자신의 집이 안전하지 못하거나 비밀스럽지 못한 곳이라고 생각하게 될까요? 모른 체 하고 있다가 강아지가 안 볼 때 꺼내야 할까요?

강아지가 안 볼 때 꺼내서 치우는 게 좋습니다.

강아지들은 뭔가를 숨겨 놓고 보관하겠다는 마음은 있지만 '내일 아침에 저걸 먹어야지!' 이런 생각은 많이 없는 것 같아요. 그런데 강아지 '집'은 조금 다를 수 있어요. 보호자 입장에서 봤을 땐 강아지가 자신이 좋아하는 것들을 숨기고 있다고 생각할 수 있지만 강아지 입장에선 그 물건들보다 그곳이 자신이 소유한 집, 자신의 공간이라는 걸 주변에 더 알리고 싶을 때 이런 행동을 하기도 한답니다.

강아지가 뭔가를 자꾸 가져다 자기 집에 쌓아 둔다면 강아지가 없을 때 치워 주는 게 나중을 위해서도 훨씬 좋습니다. 이렇게 해 주지 않으면 강아지는 자신이 숨겨 둔 물건들이 있는 그 장소를 점점 더 지키려고 할 겁니다. 이런 성향이 점점 강화되면, 나중에 집에 정수기를 점검해 주시는 분이나 뭔가를 수리해 주려고 오셨던 분들이 강아지 집 근처에서 왔다 갔다 할 때 처음엔 경계하는 모습을 보이다가 결국엔 공격할 가능성이 크답니다.

이 친구는 어쩌면 다른 환경과 마주치거나 낯선 강아지들과 만나는 일 등 사회성을 키울 수 있는 것들과는 점점 멀어지고 '내 공간, 내 물건, 내 가족'만 더 예민하게 지키고 경계하는 강아지가 되어 가고 있을 수도 있습니다.
강아지가 안 볼 때 숨긴 물건들을 치워 주시고요, 가능하면 집의 위치나 집 자체를 바꿔 주는 것도 도움이 될 거예요. 이 행동은 방치하면 나중에 큰 문제가 될 수도 있으니까 사회성을 기르기 위해서

리도 좋은 친구들을 사귀게 해 주세요. 친구들하고 놀면서, 이야기하면서, 그렇게 조금씩 사회성을 회복하면 꼭 이런 물건들을 자신의 집 안에 갖다 놓지 않아도 자신이 안전하고 편안할 수 있다는 걸 배우게 될 겁니다. 이번 기회에 반려견 훈련사나 반려견 행동 전문가와 상의해 보시는 것도 강아지와 훨씬 더 건강하고 편안하게 살 수 있는 방법이지 않을까 합니다.

Q

070

만져 주면 제 손을 핥는데 그만하라는 뜻인가요?

그럴 수도 있습니다.

음, 이럴 땐 두 가지를 보면 돼요.

보호자의 손을 핥을 때 귀를 뒤로 접고 있으면 '안 만졌으면 좋겠는데.'라는 뜻이에요. 보내 주신 영상을 보니까 손을 막 핥으면서도 눈빛은 약간 단호하지 않은 느낌이 있어요. 굉장히 성격이 착한 친구 같아요. 그러다 보니 확실하게 '싫다'는 자기표현을 못 하고 '어웅, 좀 하지 말지….' 이러는 거죠. 이런 친구들은 아픈 곳을 만져도 이런 식으로 막 핥아요.

또 하나, 꼬리를 잘 보셔야 해요. 보호자가 만지면 손을 막 핥으면서 꼬리도 함께 옆이나 위아래로 요동친다? 이러면 이건 너무 즐겁고 기분이 좋아서 보호자 손을 막 깨물고 싶고 핥고 싶고, '어우~, 아까 점심에 뭐 먹은 거야!' 이런 감정을 표현하는 거랍니다.

꼬리와 귀를 자세히 보시면 강아지의 감정을 이해하는 데 좀 도움이 될 테니 참고하세요!

Q 071

만지면 좋아하거나 싫어하는 곳이 따로 있나요?

있지요!

먼저, 만져 주면 좋아하는 곳은 주둥이와 이마가 만나는 곳입니다. 사람으로 치면 미간쯤 될까요, 눈과 눈 사이를 살짝살짝 만져 주면 편안한 표정을 지으며 눈을 스르르 감기도 하죠. 그리고 또 아래턱의 안쪽 끝부분, 목하고 만나는 양쪽 턱 부분을 손끝으로 슬슬 만져 주는 것도 참 좋아합니다.

만졌을 때 싫어하는 곳을 꼽자면 몸의 끝부분들인데요. 반려견들은 특히 발이나 발가락 쪽 관절들이 작고 약한 편이어서 사람들이 악수하자며 발을 잡고 흔들거나 하면 싫어할 수 있습니다. 그리고 간혹 허리가 불편하거나 골반에 문제가 있는 강아지들은 발이 좀 저리기도 하는데 그런 친구들은 발을 만지면 싫어하죠.

또 정말 싫어하는 곳이 있어요. 바로 꼬리입니다. 강아지가 꼬리를 살랑거리면 그 모습을 본 사람들이 흐뭇한 표정을 지으면서 다가가 꼬리 부분을 만지기도 하거든요. 그러면 강아지들이 정말 깜짝 놀라요. 그 순간 강아지들은 상대방이 자신을 억압하려는 것 같은 느낌을 받나 봐요. 꼬리가 잡힌 반려견들은 순간적으로 꼬리와 연결되어 있는 하복부를 안쪽으로 확 움츠리면서 피하곤 한답니다. 그러니 꼬리는 되도록 만지지 마시고요, 생식기는 급소니까 아마도 만지면 아파하겠죠.

강아지가 어딜 만지면 좋아하는지 어딜 만지면 싫어하는지 이런 것보다 더 중요한 것은 '누가 만지는가'인 것 같아요. 만약 강아지와 신뢰 관계를 잘 쌓아 놓았다면 어디든 부드럽게 살짝 만지는 것엔 크게 거부 반응을 보이지 않을 겁니다.

모르는 강아지를 대할 때는 무턱대고 만지기보다 먼저 손 냄새를 맡게 해 주는 것이 좋습니다. 특히 처음 보는 강아지라면 손바닥보다는 손등을 보여 주는 것이 강아지들의 마음을 좀 더 편안하게 만든답니다. 손등을 보여 주고 맘껏 다가와 냄새를 맡게 해 주면 강아지들은 그 사람을 자신에게 해를 끼치지 않을 안전한 사람이라 생각하거든요. 이렇게 하면 낯선 강아지들하고도 좀 더 빨리 친해질 수 있고 나중엔 자기 몸도 만지게 허락할 가능성이 큽니다.

물론 강아지마다 조금씩 반응하는 양상이 다르다는 걸 꼭 명심하세요!

Q 072

방을 옮겨 가며 잠을 자는 강아지, 특별한 이유가 있나요?

있습니다!

1년 4개월 된 비숑 암컷을 키우고 있는데요. 밤에 가족들이 잠자리에 들면 강아지가 여동생 방 침대에서 잠을 자다가 새벽 3~4시쯤 제 방 침대로 옮겨 와서 잡니다. 왜 이렇게 장소를 바꿔 가며 자는 걸까요?

보호자님이 "내 옆에서 잠들었으면 계속 내 옆에서 자지, 왜 왔다 갔다 움직여!" 이러고 삐지신 건 아니죠? ㅎㅎ

개들은 가족의 안전을 매번 확인하고 싶어 합니다. 보호자 옆에서 자다 일어나서 또 다른 가족 옆으로 가고 이런 식으로 계속 번갈아 가며 가족들을 관찰하는 거예요. 사람도 비슷한 행동을 하잖아요. 아이들이 자고 있으면 엄마나 아빠가 살짝 들어가서 살펴 보고 이불도 덮어 주고 그러죠.

강아지는 그렇게까지는 못하지만 '잘 자나? 모두 안전한가? 별일은 없나?' 이러면서 계속 확인하러 왔다 갔다 하는 거예요. 이런 강아지들도 좀 더 성숙한 어른으로 자라고 정서적으로 안정되면 우리 가족이 건강할 거라는 확신을 갖게 되고, 결국엔 그런 행동들도 점차 줄어들게 된답니다.

걱정 마세요! 자다가 일어나서 가족들의 안전을 확인하는 건 나쁘지 않은 거예요.^^

Q 073

강아지와 뽀뽀한 후에 바로 씻으면 상처 받을까요?

아니요~. ㅎㅎㅎㅎ

강아지와 뽀뽀하고 나서 바로 물로 씻으면 강아지가 상처를 받을까요? 가끔은 물로 씻는 걸 지그시 쳐다보기도 하는데 혹 강아지가 '내가 뽀뽀해 줬는데 그걸 씻어?' 이런 느낌으로 쳐다보는 건 아닌지 궁금하다고 하신 보호자가 계세요.

상처를 받지는 않습니다. 사람처럼 삐지거나 섭섭함을 느끼는 건 아닌데 다만 이런 건 있어요. 강아지가 얼굴에 뽀뽀를 할 때 사람이 자신도 모르게 얼굴을 찌푸리면서 몸을 뒤로 빼거나 하잖아요. 우리 다올이가 저한테 뽀뽀할 때 가끔 혀가 입 안으로 들어오는데 그럼 저도 모르게 몸을 뒤로 빼면서 손으로 입에 묻은 침을 닦거든요. 근데 사람들이 이런 행동을 하면 강아지들도 우리가 불편해한다는 걸 알아요. 왜냐면 우리가 고개를 뒤로 돌리고 입술도 찌그러뜨리고 하니까 '상대방이 좋아하지 않네!'하고 알아차리는 거죠.

근데 우리가 이렇게 불편하다는 표정을 짓거나 몸짓을 하면 강아지들이 "어, 불편해? 알겠어. 내가 위로해 줄게!" 이러면서 뽀뽀를 더 해요. 사람들이 불편해하는 이유가 뽀뽀 때문인지는 모르기 때문에 불편해하는 보호자를 위로해 주기 위해서 계속 뽀뽀를 하는 것이죠. 그럼 또 보호자가 "어우, 왜 이래? 왜 이래?" 이렇게 반응하게 되고, 다시 강아지들이 위로해 주려 더 뽀뽀를 하고, 결국 이렇게 뽀뽀의 늪에 빠지게 되는 거랍니다.

이럴 땐 벌떡 일어나서 "그만해."라고 하는 게 제일 좋습니다. 턱 정도만 살짝 핥으면 좋은데 뽀뽀를 너무 과하게 하는 건 좀 불편하잖아요. 여하튼 너무 걱정하지 마시고, 뽀뽀한 후에 잘 닦으시고요! 강아지하고 뽀뽀 많이 하세요.^^

Q

074

강아지가 고개를 갸우뚱거리는데 이유가 있나요?

네, 이유가 있습니다!

이런 느낌이죠. 강아지가 가만히 있다가 뭔가를 보고는 고개를 살짝 옆으로 기울이면서 멀뚱하게 쳐다보는 거!

이렇게 말씀드리면 좀 그렇지만, 이상한 행동을 많이 하는 보호자가 키우는 강아지들이 이런 행동을 많이 해요. 강아지가 이러는 걸 자주 보셨다면 보호자님이 그때마다 무슨 행동을 하고 있나 거울에 비춰 보세요. 강아지들은 평소에 잘 못 보던 행동을 보았을 때 '저게 뭐지? 긴장해야 하는 건가? 좋아해야 하는 건가? 다가가야 하나?' 이런 복잡한 마음이 들기 때문에 고개를 살짝 옆으로 움직이는 거랍니다.
아마도 보호자님이 하는 특이한 행동을 보고 '어라? 왜 저러지?' 이런 생각이 들었겠죠. 이건 슬프거나 그런 건 아니고 굉장히 귀여운 행동인데 크면 금세 사라지기도 해요. 경험이 적은 어린 강아지일수록 이런 행동을 자주 하고요, 호기심이 왕성할 때 주로 보이는 모습이랍니다.

저도 우리 강아지들이 이러는 걸 아주 가끔 보는데 너무 귀엽고 사랑스러워요. 유독 기억에 남는 게 언제냐면, 저희 반려견 교육센터에 두더지들이 좀 있나 봐요. 그래서 가끔 땅바닥에 두더지가 지나다닌 길이 보이는데 그걸 볼 때마다 바로가 머리를 갸우뚱하곤 해요. 그리고 첼시나 다올이는, 음…, 다올이가 이런 적이 있었나? 기억이 안 나네요. ㅎㅎㅎㅎ

어리고 호기심이 많은 강아지일수록 이런 행동을 많이 하고요. 또 분명히 저기 뭔가가 있는데 그것에 집중하고 싶을 때, 그게 뭔지 알아내고 싶을 때 고개를 갸우뚱하기도 한답니다. 너무 귀여운 모습이니까 그럴 때 꼭 사진으로 찍어 두시고 동영상 촬영도 해 놓으세요! 강아지가 나이 들면 더 이상 이런 모습 못 볼 테니까요~.

Q 075

다른 곳에 배변하는 강아지, 늘 배변을 하던 장소가 싫어진 건가요?

싫어진 겁니다.

원래 화장실 안에서 배변을 했는데 요즘 자꾸 화장실 입구에다 해요. 화장실이라는 장소가 싫어져서 그런 걸까요?

아마도 '화장실'이라고 하면, 타일이 깔려 있고 한쪽에 욕조가 있고 그 옆에 변기와 세면대가 있는 곳이겠죠? 강아지들이 그런 곳에서 용변 보는 걸 좋아하는 건 아니고요, 그나마 그곳이 제일 괜찮다고 생각해서 하는 거랍니다.

강아지들이 화장실에서 배변을 하지 않으려는 데는 다음과 같은 이유들이 있습니다.

○ 소음 때문에 놀란 경험

샤워기를 놓다 떨어뜨리면 '쾅!'하고 소리가 나잖아요. 강아지가 화장실에서 이런 경험 때문에 놀란 적이 있다면 더 이상 그곳에서 용변을 보지 않으려고 할 수 있어요.

○ 갇혔을 때

강아지가 화장실에 갇힌 경험이 있을 때도 그 장소를 기피할 수 있어요.

○ 물기가 많을 때

화장실 바닥에 물기가 많으면 그 안에 들어가 용변 보는 걸 싫어할 수도 있어요.

그리고 마지막으로 고려해 볼 것은, 이 행동이 "더 이상 집에서 용변을 보고 싶지 않아요!"라는 메시지일 수도 있다는 점입니다. 집 안이 아닌 밖에서 용변을 보고 싶은 마음을 이렇게 표현한 것일 수도 있어요.

용변 가리는 교육을 다시 교정하려고 할 때 보호자들께 부탁드리고 싶은 게 있습니다.

반려견들에게 소변과 대변을 밖에서 볼 수 있도록 가르쳐 주세요. 이것이 강아지들의 스트레스를 낮추고 그들의 본성을 더 존중해 주는 방법이랍니다. 배변 활동을 밖에서 하다 보면 자연스럽게 실내에서 용변 보는 횟수도 줄어들고 그러다 보면 용변 실수도 하지 않게 될 거예요. 꼭 한번 실천해 보세요!

Q 076

강아지 앞에서 치아를 보이며 웃으면 싸우자는 뜻으로 알까요?

아니에요. ㅎㅎ

음, 옛날에 제가 반려견 훈련사 교육을 처음 받을 때는 정말 이렇게 배웠어요. 근데 강아지가 잘 하면 칭찬해 주라면서 웃지는 말라는 거예요. 뭘 어떻게 하라는 건지, 나 참….

치아를 전부 보이면서 웃어도 됩니다. 아무 문제없어요. 활짝 웃으십시오! 강아지 앞에서 활짝 웃고 훨씬 더 예뻐해 주셔도 괜찮아요. 어떤 강아지들은 보호자가 치아를 전부 보이면서 활짝 웃는 모습을 보고 자신도 그렇게 따라 웃기도 해요, 진짜요!

반려견들에게 치아를 보여 주는 것은 전혀 문제가 되지 않아요. 하지만! 눈을 뚫어져라 쳐다보는 것은 반려견과 보호자 사이에 대립과 갈등을 조장할 수도 있답니다. 이런 걸 피하려면 강아지가 어릴 때부터 '사람하고 눈이 마주치는 것은 재밌는 거야, 좋은 거야.'라고 알려 주시는 것이 좋아요. 'WATCH'라는 교육을 하면 좋은데, 앞에서 한번 설명했으니까 보시고 따라 하시면 될 거예요.

어쨌든, 앞으로 간식 줄 때마다 치아를 전부 보이면서 활짝 웃으세요!

Q

077

한국 강아지와 미국 강아지는 서로 말이 통하나요?

그럼요!

반려견들은 모든 나라의 반려견들과 말이 통한답니다. 그들에겐 만국 공통인 '카밍 시그널'이라는 언어가 있기 때문이죠.
반려견들이 사용하는 보디랭귀지는 다 똑같습니다. 사람도 웃는 표정, 화난 표정, 슬픈 표정들은 어느 나라나 거의 비슷하잖아요. 반려견들은 소리보다 주로 '몸짓이나 표정'을 통해 대화하기 때문에 어느 나라에 사는 반려견이든 상관없이 소통하고 대화할 수 있답니다.

HELLO?
너 한국말
못해?

근데 이런 점은 좀 있어요. 사람들이 지역이나 나라마다 각기 독특한 문화와 특색을 가지고 있듯 강아지들도 마찬가지예요. 예를 들면, 미국 강아지들은 좀 의연하게 행동하는 경향이 있습니다. 아마도 보호자와 같이 있는 시간이 상대적으로 많고, 산책도 자주 하고, 사는 환경도 반려견을 키우는데 친화적이기 때문에 그럴 수 있겠죠. 이런 조건 속에서 사는 반려견들은 자기들끼리 서로 잘 어울리고, 장난도 잘 치고, 그러다가도 상대가 싫어하면 곧 멈추고 하는 그런 몸짓 언어들을 많이 사용합니다.

갑자기 왜 이런 이야기를 하냐면, 미국 강아지들에 비해 한국에 사는 강아지들은 거칠게 소통할 때가 많고 대부분 방어적인 대화를 하는 경향을 보이기 때문입니다.

그래도 한국 강아지와 미국 강아지가 만나면 잘 어울려 놀 겁니다. 처음에는 조금 대화가 안 될 수도 있지만 시간이 좀 지나면 부드러운 보디랭귀지를 쓰는 강아지가 흥분된 상태로 거친 보디랭귀지를 쓰고 있는 강아지를 잘 이끌어 줄 테니까요. 사람도 항상 올바른 길로 가고 싶어 하잖아요. 강아지들도 비슷하답니다!

Q

078

강아지도 긴장하면 침을 꼴깍 삼키나요?

그럴 수 있습니다!

저희 강아지는 제 무릎 위에서 절 바라볼 때나, 만져 달라고 배를 보이며 누웠을 때, 제가 눈을 마주치며 만져 줄 때, 침을 꼴깍 삼키는 경우가 종종 있어요. 왜 그런 걸까요? 제가 뭘 불편하게 한 걸까요?

보호자의 눈엔 '침을 꼴깍 삼키는 것'처럼 보이겠지만 아마도 이때 강아지는 혀를 날름거리며 입과 코 주위를 핥았을 겁니다.

강아지들이 무릎 위에 올라온다거나, 배를 보여 주며 눕는다거나,

보호자와 눈을 마주친다거나 그럴 때 많은 분들이 예쁘다고 강아지를 막 만지거나 좋아서 소리를 지르기도 하는데요. 이때 많은 강아지들이 혀를 날름거리는 행동을 한답니다. 이런 행동은 보호자가 자신을 너무 과도하게 만질까봐 혹은 너무 과도한 인사를 건넬까봐 두려워서 그러는 것일 수도 있어요.

이렇게 한번 해 보세요. 강아지가 무릎 위에 있을 땐 만지지 말고 손을 밑으로 내려 보세요. 배를 보여 줄 때도 배를 만지지 말고 그냥 강아지 옆에 기대고 있어 보세요. 또, 강아지와 눈이 마주칠 때엔 고개를 옆으로 살짝 돌려 시선을 피해 보세요.

이렇게 했는데도 강아지가 '꼴깍' 침을 삼키는 것 같은 동작을 한다면 이것은 단순히 습관인 거고요. 이렇게 했더니 강아지가 더 이상 그런 행동을 하지 않는다면 그동안 강아지가 좀 불편했다는 증거예요. 아무렇지도 않게 하는 보호자의 작은 행동들도 강아지들은 불편하게 느낄 수 있으니, 참고하세요!

Q

079

강아지도 멋진 풍경을 보면 감탄하나요?

의미가 좀 다를 수 있지만, 감탄합니다!

🐾 저도 반려견들을 데리고 좋은 곳도 찾아가고 여행도 좀 다니는 편인데, 제가 감탄하는 순간과 반려견이 감탄하는 순간이 비슷할 때도 있지만 다를 때도 많습니다.

멋진 풍경이라고 하면 사람들은 웅장한 건축물이나 조명이 화려한 거리, 예쁘고 아기자기한 풍경 등을 떠올리는데, 이에 비해 반려견들은 냄새가 아주 다양하게 날 때 감탄하는 것 같아요. 강아지들을 데리고 풀들이 가득한 들판이나 언덕 같은 곳에 가면 사람들은 맡을 수 없는 무척 다양한 냄새들을 맡는 것 같아요. 사람들에게 경치란 눈으로 보는 것이라면 강아지들에게는 냄새로 느끼는 것인가 봅니다. “노루가 지나갔나?”, “새가 지나갔나?” 이러면서 말이죠.

근데 사람들이 강아지를 키우다 보면 ‘좋은 경치’의 기준이 좀 바뀌더라고요. 한마디로, 개.같.아.져.요. ㅎㅎㅎㅎ
강아지가 좋아하는 것들을 잘 알고 그런 것들에 익숙해지다 보니까 어떤 풍경을 마주하면 “아, 여기 우리 강아지가 보면 진짜 좋아하겠다!” 이렇게 강아지의 시선으로 바라보게 되는 거죠. 사람과 강아지가 좋아하는 풍경은 각자 다르지만 같이 살아가면서 서로의 취향을 알게 되고 또 서로 조금씩 맞춰 가기도 하고…. 강아지들과 함께 하는 시간들은 이렇게 우리들의 삶을 조금 더 풍요롭게 만들어 준답니다.

여러분들도 함께 지내는 강아지가 어떤 풍경을 좋아하는지 하나씩 알아 갔으면 좋겠습니다.^^

Q

080

강아지는 보호자가 싫어하는 사람을 알까요?

네, 이런 강아지들 정말 많습니다.

강아지도 보호자랑 사이가 나쁜 사람을 알고 경계하나요? 저희 강아지는 보통 다른 사람들 앞에서 발라당 눕는 편인데, 가끔 제가 좀 싫어하고 불편해하는 사람들이 집에 오면 으르렁거리면서 물려고 하더라고요.

저는 정말 반려견들이 이런 사실을 정확하게 안다고 생각해요. 지금 내 보호자가 잘 배려 받고 있는지 아니면 배타적인 상황에 처해 있는지 반려견들은 너무 잘 알아요. 그래서 제가 이런 얘기를 보호자들께 많이 한답니다. “아니, 옆집 사람하고 인사도 안 하면서 강아지가 짖지 않기를 바라세요?”

꼭 그런 건 아니지만, 내 강아지가 조금 더 사회성이 좋아지기를 바란다면 나부터 마음의 문을 열고 다른 사람들한테 친절하게 대해야 해요. 그러면 반려견들도 조금은 더 따뜻한 마음으로 사람들을 대할 수 있을 겁니다. 근데 이건 단지 한국 사람만의 문제는 아닌 거 같아요. 도시에서 생활하는 사람들 대부분이 다른 이와의 접촉을 불편해하거나 대화하는 걸 어려워하는 경향들이 있죠. 반려견들은 이런 현대 도시인들의 생활 양식에 잘 적응을 못 하는 것 같습니다.

사연 속의 강아지는 분명 자신의 보호자가 다른 사람을 어떻게 대하는지 알고 이렇게 행동하는 것 같습니다. 주변 사람들하고 잘 지내는 모습을 보여 주시면 강아지의 사회성도 훨씬 더 좋아질 테니 너무 걱정하지 마세요.

생뚱맞은 Q&A

Q 실외 배변하는 수컷 강아지를 키우는데 산책을 나가면 소변을 찔끔찔끔 쌉니다. 빨리 싸게 하고 들어가고 싶은데 마킹할 횟수를 계산해서 아껴 싸는 건가요? 어릴 땐 안 그랬어요. ㅠㅠ 하루에 산책도 5번이나 합니다.

A 강아지도 다 알아요. 오줌 다 싸면 빨리 집에 가야 된다는 걸요!

그러니 이 오줌 싸는 시간이 얼마나 소중하겠어요? 아이들이 아이스크림을 조금씩 아껴 먹는 것처럼 강아지들도 비슷한 행동을 하는 거죠. 그리고 또 하나는, 우리가 SNS 공간에 '하트'를 남기거나 '좋아요'를 누르는 것처럼 강아지들도 여러 곳에 자신의 징표를 남기고 싶어 한다는 거예요.

그러니 너무 걱정하지 마시고 산책을 조금 여유 있게 해 보세요. 오줌 다 쌌다고 후다닥 집에 들어가 버리지 말고 강아지랑 천천히 동네도 한 바퀴 돌고, 지나는 길에 벤치가 있다면 잠시 앉아 있다 가기도 하면서 말이죠. 그렇게 하다 보면 강아지와 보호자 모두 편안한 산책을 즐길 수 있게 될 거예요!

생뚱맞은 Q&A

Q 반려견 없는 사람도 애견 카페에 갈 수 있나요? ㅋㅋㅋㅋ

A 그럼요! 괜찮습니다.

괜찮긴 한데, 애견 카페에 있는 강아지들을 만지는 건 안 돼요! 그곳에 있는 강아지들은 굉장히 지쳐 있을 거예요. 오는 손님들을 맞이하느라 말이죠. 이 사람이 만지고, 저 사람이 만지고. 애견 카페에 있는 강아지들 중엔 뭐라 할까, 노동법 사각지대에 놓인 근로견(?)이 많아요.
애견 카페에 가서 한번 보고 오세요. 그리고 그곳에 있는 강아지 친구들에게 연차는 있는지 근무 여건은 어떤지 잘 살펴보시고, 제게 연락 주세요!

PART 05

강아지의 시선으로

바라보는,

‘전지적 강아지 시점’

노견이라고 해서 다른 거 하나 없습니다.
비록 옛날만큼 활발하게 공을 쫓아 달릴 수는 없겠지만
여전히 천천히 걷는 것은 무척 좋아할 테니까요.

강아지들은 죽기 직전까지도
걷고, 주변을 살피고, 냄새 맡고, 간혹 용변도 보고,
이런 활동들을 정말로 좋아한답니다.

Q

081

이사할 때 강아지가 받는 스트레스를 줄일 방법이 있나요?

완벽하게 없앨 수는 없지만 줄일 수는 있습니다.

사람에게도 평생 살던 동네를 떠나 낯선 곳으로 이사 가는 건 굉장히 힘든 일이잖아요. 이사를 간 다음에도 예전에 살던 곳을 그리워하기도 하는데 반려견들도 마찬가지랍니다.

아직 이사를 가기 전이라면 지금부터라도 이사 갈 동네에 강아지를 데리고 놀러 가세요. 동네 이곳저곳을 강아지와 함께 산책하면서 낯선 공간에 익숙하게 만들어 주는 거예요. 그러다 보면 강아지가 그 동네에서 용변을 보게 될 텐데 그 정도의 흔적을 남기는 것만으로도 낯선 동네에 잘 적응할 수 있도록 도와줄 수 있답니다.

또 하나, 이사를 하고 나면 첫째 날이 가장 중요합니다.
짐도 다 들여놓고 청소도 대충 끝난 다음에 강아지가 새 집에 들어올 텐데, 그때 집 안에 강아지를 가만히 놔 두지 말고 줄을 맨 상태에서 한 5분 정도 집 안을 천천히 같이 걸어 다니세요. 그러다 다시 강아지와 함께 집 밖으로 나가서 이사 오기 전에 남겨 놨던 여러 가지 흔적들을 찾아 냄새도 맡고 그런 다음 다시 집에 들어가세요. 이 행동을 반복하면 강아지도 '내가 이곳으로 옮겨 왔구나, 이제 여기에 정착해야 하는구나!'라고 이해할 수 있답니다.

이사를 하게 되면 반려견들은 새로운 환경이 주는 자극에 무조건 짖는 걸로 대처할 수도 있어요. 또 그동안 없었거나 이전에 극복했던 분리 불안 증세가 다시 나타날 수도 있고요. 그러니 직장에 휴가를 낼 수 있는 보호자라면 며칠 쉬면서 강아지와 함께 산책을 자주 하세요. 주변에서 나는 소리와 냄새들을 같이 듣고 같이 맡고 하다 보면 강아지도 한결 쉽게 새로운 보금자리에 적응할 수 있을 겁니다.
산책하시면서 "지금 나는 이 소리 사실 별거 아냐!", "이 냄새? 이제 좀 익숙해지면 되지 뭐." 이렇게 강아지에게 잘 알려 주시면 금세 적응할 거예요.^^

Q
082

강아지도 숨바꼭질 놀이를 좋아하나요?

네, 무척 좋아합니다.

반려견들은 숨바꼭질 놀이를 진짜 좋아해요. 그래서 훈련사들이 '보호자 찾는 놀이'를 일부러 가르치기도 합니다. 저희 반려견 교육센터에서도 붐비지 않는 오전 시간에 주로 강아지들하고 이 놀이를 많이 한답니다. 보호자를 산속이나 수풀 뒤에 숨어 있게 하고 강아지한테 "보호자 냄새 찾아!", "엄마 어디 있어?" 이렇게 말하곤 찾게 합니다. 그럼 강아지들이 열심히 찾아다니는데요, 그러다 보호자를 찾아내면 달려들어서 뽀뽀도 하고 무척 좋아한답니다.

시간이 날 때마다 강아지하고 이렇게 놀아 줘 보세요. 엄마 손수건이든 동생 휴대폰이든 가족들 물건 중 하나를 골라 냄새를 맡게 한 다음에 "어? 이게 누구 거지? 엄마 찾을까? 엄마 어디 있어?" 이렇게 해 보세요. 강아지가 정말 좋아하고 재밌어 할 겁니다.

너무 덥거나 비가 와서 산책을 못 할 때, 아니면 너무 추운 겨울철에 집 안에서 이런 놀이를 하면서 강아지와 시간을 보내면 무척 좋을 것 같아요. 참고로, 저도 이 놀이 좋아한답니다.^^

Q 083

하울링 안 하는 강아지도 있나요?

그럼요~!

하울링을 안 하는 강아지도 있나요? 미니 핀(미니어처 핀셔)을 입양한 지 2년째인데 한 번도 하울링 하는 걸 본 적이 없어요. 다른 강아지들이 하울링 하는 걸 봐도 반응이 없고, 영상을 보여 줘도 무관심하네요. 혹시 소심하거나 사회성이 부족해서 그러는 걸까요?

하울링을 안 해도 정상이랍니다. 강아지들이 좀 짧게, 단발적으로 '컹! 컹!' 이런 소리를 많이 낸다면 이에 비해 늑대들은 '아~ 우~!'

이렇게 음률이 있는 소리를 많이 내요. 이런 소리를 바로 하울링이라고 합니다.

예전엔 사람들이 덩치가 큰 강아지들을 많이 키웠잖아요. 또, 묶어 놓지 않고 기르는 경우도 많았기 때문에 다른 강아지들하고 자유롭게 어울려서 뛰어놀 기회가 많았을 거예요. 이런 환경 때문에 예전의 반려견들은 지금보다 '무리 의식'이 좀 더 강했던 것 같아요. 그러다 보니 옆에 있는 강아지한테 "지금 상황이 어때?" 이런 것들을 물어볼 때 하울링을 많이 했을 겁니다. 그러나 살아가는 환경이 많이 바뀐 요즘엔 하울링을 하는 반려견들이 극히 드물죠.

강아지가 평소에 하울링을 한다면 사실 안타까운 일입니다. 왜냐면 그 행동 자체가 지금 강아지의 상태가 온전하지 못하다는 증거일 수도 있거든요. "나 지금 외로워, 너 어디로 간 거야?" 이런 마음 때문에 하울링을 하는 거니까, 하울링을 하는 친구들은 좀 불안감이 있는 상태로 볼 수 있습니다.

물론 어떤 친구들은 음악 소리에 맞춰 하울링을 하기도 해요. 마치 노래를 부르는 것처럼 보이기도 하는데 이런 경우가 아니라면 대부분의 강아지들은 불안할 때나 자신의 상태가 이상하다고 느낄 때 하울링을 많이 한답니다.

저도 하울링 하는 미니 핀을 한두 마리밖에 못 봤어요. 하울링을 하는 경우가 더 흔치 않으니까 너무 염려하지 마시고요. 하울링 자주 하면 민원 들어옵니다.^^

Q

084

강아지가 악몽을 꾸는 것 같은데, 깨워야 할까요?

아니에요!

강아지들도 꿈을 꿉니다. 열심히 달리는 것 같은 동작을 할 땐 좋은 꿈을 꾸는 것 같아 그냥 놔 두는데, 움찔거리고 눈꺼풀도 떨고 그러면 악몽을 꾸는 것 같은 생각이 들죠. 그럴 땐 살짝 쓰다듬어 깨우는 게 좋을지 그냥 놔 둬야 할지 물어본 보호자가 계셨어요.

강아지들은 자는 동안 다양한 행동들을 한답니다. 근데 이건, 실제로 통증이 있거나 안 좋은 기억 때문일 수도 있지만 그냥 몸이 무의

식적으로 반응하는 것일 수도 있습니다. 실제로 어떤 강아지들은 막 달려가는 것처럼 다리를 툭툭 차기도 하고, 맛있는 걸 먹을 때처럼 입을 쩝쩝거리기도 해요.

그래도 강아지의 잠을 방해하지 않는 것이 더 좋을 것 같습니다. 꿈꾸는 것을 옆에서 볼 수 있다는 건 강아지하고 같이 잔다는 얘긴데, 보호자가 이렇게 옆에 있다는 것만으로도 강아지에겐 도움이 많이 될 거랍니다. 너무 걱정하지 마세요!

Q

085

강아지들도 먹는 걸로 스트레스를 푸나요?

그럼요~~!

이건 뭐, 배꼽 있는 동물이라면 모두 이러지 않을까 싶습니다.^^

근데 강아지 입장에선 '먹는다'는 것보다 '씹는다'는 표현이 훨씬 더 정확할 것 같아요. 발을 지압하거나 턱을 사용할 때 '세로토닌' 이라는 신경 전달 물질이 나오는데 이걸 행복 호르몬이라고도 부르더군요. 강아지들이 뼈를 씹는다거나 아니면 이불을 씹는다거나, 뭐든 주위에 있는 것들을 씹어대는 이유는 스트레스를 풀기 위한

거랍니다.

이때 보호자가 맛있는 걸 계속 주면 씹을 수도 있는데 맛까지 있으니 강아지들이 얼마나 좋겠어요? 하지만 이렇게 하나, 둘 계속 주다 보면 결국 강아지는 살이 찌게 될 겁니다. 주위에 비만인 강아지들 많이 보시죠? 저는 이 강아지들이 단순히 먹을 걸 많이 줬기 때문에 살이 쪘다고 보지 않습니다. 강아지들이 뚱뚱한 건 건강한 환경에서 키우지 않고 건강하지 않은 방법으로 교육한 결과라고 볼 수 있어요. 즉, 강아지가 비만이라면 그 죄는 보호자한테 있는 거죠.

강아지의 스트레스를 풀게 해 주고 싶으세요? 그러면 간식은 조금만 주시고 대신 밖에서 산책하면서 코를 많이 쓸 수 있게 해 주세요. 이것이 더 도움도 되고 훨씬 건강한 방법이랍니다. 왜냐하면 세로토닌이라고 하는 물질은 산책하면서 다리도 움직이고, 물도 마시고, 다른 강아지하고 좋은 관계를 맺고, 이런 활동들을 할 때도 많이 나오거든요.

그러니까 앞으론 간식 대신 산책을 많이 해 주시고요. 간식으로 스트레스를 풀게 해 주려는 생각은 좀 위험하답니다, 아셨죠?

Q

086

아침마다 자고 있는 제 배 위에 올라와요.
제가 서열이 낮은 건가요?

아닙니다~.

제가 자고 일어날 때마다 빨랑 일어나라고 제 배 위에 올라타는데요. 친근감의 표시인가요? 아님 제가 서열이 낮아서 그런가요? 얘가 11kg이다 보니 너무 무겁습니다. ㅠㅠ 살려 주세요.

늦잠을 주무시나 봐요?

제 생각엔 보호자를 향해 빨리 일어나라고 하는 것 같습니다.

저희 집 강아지도 비슷한 행동을 한답니다. 저는 정말 딱(!) 7시에 일어나고 싶은데 이 녀석이 어떻게 아는지 6시 58분쯤 되면 어김없이 다가와서 슬쩍슬쩍 이불을 긁기도 하고 이런저런 행동들을 해요. 여기엔 어떤 의미가 있다기보다 그냥 일어나라고 귀찮게 하는 거예요. 보호자 배 위에 올라탄다고 해서 무조건 서열과 관련지어 생각할 필요는 없습니다. 사람으로 치면 어깨동무 정도 하는 건데, 가까운 사람이 어깨동무 한다고 우리가 불쾌해 하지는 않잖아요?

Q

087

땅바닥이 뜨거운 여름에는 산책할 때 신발을 신겨야 할까요?

근데, 조심하셔야 해요.

여름에는 땅바닥이나 도로가 많이 뜨거울 수 있습니다. 저 같은 경우에는 산책할 때 보통 바닥에 손을 한번 대봐요. 그러면 미친 듯이 뜨거운 날이 있어요. 정말 "앗, 뜨거!" 이런 소리가 나올 정도일 때는 산책을 안 합니다. 아니면 상대적으로 잔디는 온도가 낮은 편이기 때문에, 마침 그늘진 잔디가 있다면 그곳에서 산책을 합니다. 한여름에 아스팔트 아니면 콘크리트로 된 길은 정말이지 달걀을 깨뜨려 놓으면 익지 않을까 싶을 정도로 뜨거운데, 이런 길 위를 강아지들이 걸으면 아주 힘들 거예요.

이때 강아지에게 신발을 신긴다? 음…, 신발을 신긴다?
강아지들은 몸의 열을 발바닥하고 혀, 이 두 곳을 통해 배출하는데 신발을 신기면 열이 밖으로 안 빠져서 더 힘들어 할 수도 있습니다. 그런데 요즘 좀 괜찮은 반려견용 신발들이 나오고 있다고 들었거든요. 그러니 만일 강아지들에게 신발을 신겨야 한다면 활동이 편하고, 발을 잘 보호해 줄 수 있으며, 열 순환도 잘되는 그런 신발을 선택하는 게 좋을 것 같습니다.

이런 기능 없이 마치 장화같이 생긴 신발들도 있던데 그런 신발은 잘못하면 강아지의 체온이 밖으로 배출이 안 돼서 몸이 더 뜨거워질 수도 있으니 조심하세요. 특히 불도그, 퍼그, 시츄, 페키니즈 같은 단두종들은 여름에 진짜 조심하셔야 합니다. 보통 반려견들은 혓바닥을 헐떡이면서 체온을 조절하지만, 얼굴이 주름지고 코 길이가 짧은 단두종은 호흡하는 게 쉽지 않기 때문에 체내의 열을 밖으로 배출하는 데 조금 더 어려움을 겪거든요. 아셨죠?

Q
088

다른 강아지 짖는 소리가 들리면 따라 짖는데 대화하는 건가요?

아닙니다.

국가대표 축구팀이 큰 경기를 하는 날이면 골이 들어간 순간 갑자기 아파트 단지에서 "와~!"하는 함성이 동시에 들려요. 근데 이걸 우리가 대화라고 부르지는 않잖아요? 강아지들이 다른 강아지가 짖는 소리를 듣고 따라 짖는 것도 이와 비슷하다고 생각하시면 됩니다.

'아직 우리 보호자 안 왔어.', '그래? 오늘 늦나 보지 뭐~.' 이렇게 대화를 나누는 것이 아니라 그냥 어떤 강아지가 짖는 소리가 들리면

'저 강아지가 짖네? 뭐야? 뭐야!' 이러면서 따라 짖는 것이죠.

만약 그 개랑 가끔 만나는 사이어서 그 개가 짖는 모습을 보고 그랬다면 혹시 모르겠지만 그렇지 않다면 강아지들이 이렇게 따라 짖는 이유는 대부분 다른 개들이 짖는 소리에 놀라서랍니다.

그럴 때 보호자가 할 수 있는 행동을 알려 드릴게요. 강아지가 따라 짖으면 그 옆에 아무 말 없이 서 계세요. 그리고 강아지가 조금 불편함을 느낄 정도로만 살짝, 살짝, 밀치세요. 그러다 어느 순간 강아지가 짖는 걸 멈추면 대부분의 보호자들이 그냥 돌아가 버리는데요. 그렇게 하면 안 되고, 강아지가 짖지 않더라도 한동안 그 자리에 그대로 서 계셔야 합니다. 시간이 좀 흐른 뒤 강아지가 자리에 앉거나 엎드리거나 다른 곳으로 가서 편안한 자세를 취하면 그때 보호자도 철수하고 돌아오시면 됩니다. 이렇게 반복하시면 효과가 분명 있을 겁니다.

Q 089

제가 휴대폰만 하면 혹시 강아지가 질투할까요?

그럴 리가요~.

강아지가 휴대폰을 질투하기도 하나요? 제가 휴대폰을 들여다보고 있으면 앞발을 뻗어서 저를 툭 치거나 발밑에서 신경질적으로 짖을 때도 있어요. 그래서 휴대폰을 내려놓고 만져 주면 무척이나 만족한 표정을 짓는답니다.

휴대폰을 질투하다니요! 그건 분명히 아니고요. 아마도 보호자가 자신한테 보이던 관심이 줄어들고 세심하게 마음을 써 주던 시간들이 점점 짧아지는 것을 강아지도 느끼고 있을 거예요. 반려견들은 보호자한테 자신의 하루 일과를 말해 주고 싶어 해요. 이럴 땐 퇴근하고 집에 들어가셔서 강아지하고 천천히 그냥 집 안을 왔다 갔다 걸어 다녀 보세요. "응, 그랬어?", "냄새가 났어?", "여기서 그런 소리가 났구나!" 이렇게 대화를 주고받으면서 천천히 함께 걷다 보면 강아지에게 커다란 위로가 될 수 있답니다.

저 같은 경우엔 제 아이 교육도 있고 해서 집에 가면 휴대폰을 최대한 하지 않으려고 노력합니다. 강아지를 위해서 휴대폰 사용 시간을 좀 줄이라는 게 유난스럽게 느껴질 수도 있겠죠. 그러나 강아지 입장에선 어쨌든 자신에게 관심을 좀 가져달라는 표현이니까 휴대폰만 너무 많이 하지 마시고요. 강아지랑 산책도 하고 많이 예뻐해 주시면 이런 행동들이 차츰 없어질 거예요. 휴대폰만 너무 많이 하면 우리 강아지들이 휴대폰을 깨물어 버리는 수가 있습니다. ㅎㅎ

Q 090

친구가 없는 반려견, 애견 카페에 데려가도 괜찮을까요?

답은, 세모입니다.

사회성을 기르기 위해 다른 강아지를 많이 만나게 해 주고 싶은데 꾸준히 만날 강아지 친구가 없어서 고민인 보호자들이 많습니다. 그러다 보면 '애견 카페라도 가 볼까?'하는 생각을 하게 되는데요, 갑작스럽게 낯선 강아지들이 많은 곳에 데려가도 괜찮은지 궁금하시죠?

다른 강아지를 많이 만나게 하는 건 좋지만, 갑작스럽게 많은 친구를 한꺼번에 만나게 하는 것은 어떨 땐 강아지에게 너무 힘든 일이 될 수도 있습니다. 만약 강아지 친구를 만나는 게 정말 힘들다면 처음 보는 강아지를 너무 좁은 공간에서 만나는 것보다는 운동장이 있어서 실내와 실외를 왔다 갔다 할 수 있고, 처음엔 멀리 있다가 천천히 다가가 가까워질 수 있는 그런 환경에서 만나게 하는 것이 좋습니다.

더 나아가 보호자들이 강아지는 무작정 내버려 둔 채 음료만 마시는 그런 무책임한 행동은 하지 않고, 각자의 반려견을 세심히 살피면서 잘 관리하는 곳이라면, 음…, 그런 곳엔 데려가도 괜찮을 것 같아요.

하지만! 가능하다면 먼저 단짝 친구를 만들려고 노력해 보세요. 그리고 난 다음에 그 친구와 함께 애견 카페에 가는 게 훨씬 더 좋지 않을까 생각합니다.

Q 

091

강아지 세계에도 미의 기준이 있나요?

있습니다!

강아지들이 길에서 다른 강아지를 마주쳤을 때, '와, 예쁘다! 잘생겼다!' 이렇게 생각할 수도 있을 것 같아요. 그런데 다른 강아지의 외형을 판단할 때 반려견들은 '건강하다, 건강하지 않다'를 더 집중해서 본답니다. 이때 중요한 것이 바로 몸의 균형이죠.

가슴 쪽을 유독 앞으로 내미는 강아지를 보면 대부분의 반려견들은 불안함을 느낍니다. 자신을 향해 고개와 가슴을 내미는 강아지들을 위협적으로 생각하기 때문이죠. 그래서 상대 반려견이 몸의 중심을 바르게 하고 서 있거나 편안한 자세로 앉아 있으면 '아, 저 반려견은 나한테 위협적이지 않네!' 이렇게 생각하고 그 강아지에게 훨씬 더 호감을 느낀답니다.

그리고 또 하나, 주둥이 부분이 상대적으로 짧은 견종들이 있습니다. 이런 강아지들을 단두종이라 그러는데 짧은 주둥이에 코가 납작하게 붙어 있고 입이 안쪽으로 벌어진 외형을 갖고 있죠. 불도그, 퍼그, 페키니즈 같은 종들이 여기에 속하는데 이런 친구들은 다른 강아지들한테 오해를 많이 받아요. 단두종 특유의 외모를 보고 얼굴을 찌푸리고 있는 걸로 착각해서 이 견종에 속하는 반려견을 만나면 자리를 피하거나 아니면 "너 왜 나한테 화내는 거야!" 이렇게 경고를 보내기도 한답니다. 그러니 단두종에 속하는 강아지를 만날 때는 천천히 다가가게 하는 게 좋습니다. 그러다 보면 금세 괜찮다는 걸 알게 될 거예요.

너무 뚱뚱하거나 너무 마르지만 않았다면 강아지들은 보통 다 잘생겼다고 생각합니다. 건강한 강아지를 잘생겼다고 생각하니까, 여러분의 반려견들도 모두 다 잘생겨질 수 있답니다.^^

Q

092

제가 외출하려고 할 때마다 사료를 먹어요.
왜 그러는 걸까요?

물론, 이유가 있습니다!

저희 강아지는 소파나 침대에 누워 있다가도 제가 외출하려고 하면 후다닥 뛰어가서 '나 사료 먹으니까 봐 줘!'라는 듯이 사료를 먹고는 저를 쳐다봐요. 그리곤 또 사료를 먹고 저를 쳐다보기를 반복하는데, 왜 그러는 걸까요? 혹시 분리 불안인가요?

지금 이 강아지의 행동은 '나 사료 먹는 거 봐 줘!'라는 뜻이 아니라 보호자를 향해 '이건 내 거야!'하고 말하는 거예요. 반려견의 이런 행동은 소유욕에서부터 시작되는 경우가 많은데 사료를 먹는 것 이외에도 어쩌면 다른 걸 수집하고 있을 수도 있어요.

사실 이런 행동은 보호자를 향해 자신의 힘을 보여 주려 하는 거랍니다. "당신으로부터 내 자리와 내 먹이와 내가 소중하게 생각하는 무언가를 지킬 거야!"라는 걸 보여 주는 거죠. 이런 행동을 하는 이유는 보호자가 강아지의 물건을 자주 빼앗았다거나 쉬고 있는 강아지를 안아서 들어 올렸다거나 등의 행동을 해서 강아지가 그동안 정서적인 안정감을 느끼지 못했기 때문이에요. 한마디로 휴식이 충분치 않다고 느낀 강아지가 자신의 공간을 지키기 위해 보호자를 향해 화를 내는 거죠.

이런 상황인가 한번 유심히 살펴보시고, 그동안 반려견과 어떻게 생활했는지도 곰곰이 생각해 보세요. 강아지가 잘 자는지, 잘 쉬는지, 잘 먹는지, 다른 강아지들 하고 즐겁게 잘 노는지, 산책은 잘 하는지, 이런 기본적인 것들이 강아지에게 제대로 잘 제공되고 있는지 생각해 보시고 혹시나 잘 되지 않고 있는 게 있다면 그것부터 먼저 채워 주세요.

그리고 또 하나, 자율 급식을 멈추세요. 정해진 시간에만 밥을 주고 먹지 않으면 치워 버리세요. 이렇게 사료를 치웠는데도 장난감이나 혹은 보호자의 물건을 가지고 다시 이런 행동을 반복한다면, 이것은 확실히 '내 것을 지키기 위한, 나를 지키기 위한 행동'이기 때문에 반려견 전문가를 만나 상의해 보는 것이 좋을 것 같아요.

Q 093

자꾸 제 손을 긁어요.
뭘 달라고 그러는 건가요?

네, 그런 것 같아요

이 행동은 저희 첼시와 바로도 많이 합니다.
특히 소파에 앉아 있으면 제 손과 허벅지 사이에 주둥이를 넣어서 코끝으로 툭툭 치죠. 이렇게 강아지들이 보호자의 손을 긁거나 툭툭 치는 이유는 이런 행동을 했을 때 보호자가 무엇인가 보상을 해줬기 때문입니다. 보상이란 게 만져 주는 것일 수도 있고, 말을 걸어 주거나 안아 주는 것도 될 수 있는데 이보다 더 강렬한 것은 평소 좋아하는 음식을 주는 것입니다.

보호자의 손을 건드렸더니 맛있는 걸 준다? 이 패턴이 계속 반복되면 아마도 나중엔 보호자한테 무언가를 요구하기 위해 이 행동을 하는 게 아니라 의무처럼, 숙제처럼 돼서 '아, 나보고 손 쳐 보라고? 알겠어! 칠게!' 이렇게 될 수도 있습니다. '보호자가 식탁에 앉으면 나는 보호자의 손을 쳐야 해. 그래야 좋은 일이 생겨.'라고 강아지가 이해할 수 있어요. 강아지가 이런 행동을 할 때 내가 어떻게 대응하는지 동영상으로 한번 촬영해 보세요.

어쨌든, 강아지가 손을 긁을 때 보호자님께서 강아지가 원하는 것을 즉각 제공해 주지 않는다면 이 행동은 어렵지 않게 고쳐질 수 있답니다.

Q

094

노견과 놀아 주는 방법이 따로 있나요?

있죠! 알면서, 알면서!!! ㅎㅎㅎㅎ

뭘 고민하십니까? 강아지들이 가장 좋아하는 거는 뭐? 산책! 산책하면 되죠!
근데 이런 말씀드리면 "산책 말고 다른 건 없어요?" 이렇게 묻는 분들이 많아요. 산책은 바쁘고 귀찮아서 못하니까 다른 것은 없을까 이런 생각이신 것 같은데, 안 돼요. 산책하세요!

젊었을 때 산책 30분 했으면 노견이 된 지금은 10분 정도 하면 되

죠! 함께 밖에 나가서 새로운 잔디밭에 찾아가 냄새도 맡고 그 위에 앉아 쉬면서 햇볕도 쐬고, 강아지에게 이것만큼 좋은 게 어디 있어요! 노견이라고 해서 다른 거 하나 없습니다. 옛날만큼 활발하게 공을 쫓아 달릴 수는 없겠지만 천천히 걷는 것은 여전히 좋아할 테니까요. 강아지들은 죽기 직전까지도 걷고, 주변을 살피고, 냄새 맡고, 간혹 용변도 보고, 이런 활동들을 정말 좋아한답니다.

굳이 노견과 할 수 있는 놀이를 하나 알려드리자면, 강아지들은 '숨기고 찾는 놀이'를 무척 좋아해요. 아무래도 나이가 들면 청력도 조금 약해지고 시력도 약해지고 그러잖아요. 후각도 물론 약해지는데 그래도 다른 감각에 비해선 여전히 왕성하답니다. 강아지가 평소에 좋아하는 장난감이나 간식을 집 안 곳곳에 숨겨 놓으세요. 그리곤 "찾아!"하고 놀이를 시작하는 거죠. 장난감을 찾아왔다면 그걸 가지고 강아지와 놀아 주시고 간식을 찾아왔다면 그 간식을 상으로 하나씩 주시면 돼요.

이런 놀이도 물론 좋지만 그래도 '절대!' 산책 나가는 걸 게을리 하지는 마세요. 그냥 밖에 나가서 좋은 날씨를 만끽하는 것만으로도 우리 강아지들은 행복해 할 겁니다.^^

Q 095

먹던 간식을 제 배나 다리에 올려놓고 가요. 먹어 보라는 건가요?

그렇지 않습니다!

저희 집 강아지는 간식을 먹다가 옆에 누워 있는 제 다리나 배 위에 올려놓고 가요. 어떨 땐 그렇게 해 놓고 저를 쳐다보거나 짖기도 하는데, 저한테 먹어 보라고 주는 건가요? 아니면 맡겨 놓을 테니 보관하라는 건가요?

간식을 가지고 오거나 그걸 보고 짖는다는 것은 “먹어 봐!”, “보관 좀 해 줘!” 이런 의미가 아니라 보호자한테 무언가를 요구하기 위한 행동이에요.

어떤 친구들은 '나 외로워, 아는 척 좀 해 줄래?' 이런 마음이 들 때 간식을 그냥 거실 한가운데 두고 지키기도 해요. 한편으론, 보호자 무릎 위에 올라가고 싶은데 보호자가 다른 사람하고 이야기하고 있거나 자기한테 무관심할 때 자신이 좋아하는 장난감이나 간식을 보호자 옆에다 놓고 그 옆에 가만히 엎드려 있기도 하죠. 그때 보호자가 몸을 움직이면 괜히 으르렁거리기도 하는데 모두 보호자의 관심을 얻기 위해서 하는 행동이에요.

보호자한테 간식을 가져오면 아는 척하지 말고 그냥 방으로 들어가 보세요! 그리고 방 안에 3분 정도 있다가 다시 나오세요. 그때 강아지가 나한테 오는 대신 간식 쪽으로 가서 지키려는 행동을 하거나 간식을 가지고 가 버린다면 이건 요구적인 행동이고, 약간은 응석을 부리는 거랍니다. 강아지가 이렇게 행동한다면 예절 교육이 조금은 필요한 상태이니, 참고하세요.

Q
096

강아지를 유모차에 태워서 산책해도 되나요?

어휴, 그럼요!

아픈 강아지나 노견을 기르시는 분들은 잘 아실 거예요. 강아지가 12살이 넘어가면 보호자는 '우리 강아지가 옛날 같지 않네. 뭐 좀 하나 사 줄까? 포대기를 살까? 아니면 유모차를 살까?' 이런 마음이 든답니다. 저희 집에도 유모차가 세 대나 돼요.

그리고 복잡한 곳들 있잖아요. 주상 복합 아파트에 사는 분도 계시고, 자동차가 많이 다니는 곳에 사는 분도 계시고 간혹 인도가 없는

도로도 있고. 이런 곳들을 다닐 때 강아지를 유모차에 태우고 위험한 구간들을 잘 통과한 다음에 한적한 곳에 내려서 줄을 매고 산책하는 것도 하나의 방법입니다. 복잡한 도시 생활을 하고 계시다면 적극 추천해요.

유모차 좋아요~. 유모차 한번 사용해 보시면 아마 못 헤어나실 걸요? ㅎㅎㅎㅎ

Q

097

강아지한테 "짖지 마!"라고 하면 알아듣나요?

음…, 잘 못 알아들을 수도 있어요.

사람들이 개가 짖으면 "짖지 마! 그러지 마!" 이렇게 하잖아요, 그때 음색이랑 표정을 생각해 보세요. 목소리는 크고 단호할 테고 표정도 결코 좋아 보이진 않을 거예요. 강아지 눈에도 똑같이 보일 겁니다. 보호자가 지금 너무 기분이 좋아서 자기를 막 예뻐해 주는 그런 상황이 아니란 걸 강아지들도 알죠.

강아지들은 '난 널 너무 좋아하지만 지금은 안 짖었으면 좋겠어.'라는 보호자의 속마음은 모르고 '보호자가 나한테 화를 내고 있다.'는 것만 안답니다. 그러니 어떤 분들이 우리 개는 짖지 말라고 하면 알아듣고 짖지 않는다고 하는 것은 오해입니다. 알아들은 게 아니라 보호자가 화내니까 무서워서, 자기가 짖었던 이유보다 지금 보호사가 자신에게 하는 행동이 더 겁이 나니까 강아지가 순간 멈칫하는 것일 수 있습니다. 이건 그저 보호자가 강아지에게 화풀이하는 것밖에 안 돼요.

강아지가 짖을 때마다 "짖지 마!'라고 소리치는 건 교육적 효과가 거의 없습니다. 오히려 보호자가 강아지를 향해 습관적으로 계속 소리를 지르게 될 가능성이 더 큽니다. 한 마디로 이 방법은 강아지한테도, 보호자한테도 도움이 되지 않는답니다.

Q
098

잘 웃지 않는 강아지, 행복하지 않은 건가요?

아닙니다!

강아지가 웃지 않으면 행복하지 않은 건가요? 유튜브에서 반려견 채널을 보는데 강아지들이 많이 웃더라고요. 근데 저희 집 강아지는 산책을 하러 가거나 간식을 줄 때도 웃는 걸 한 번도 본 적이 없어요. 행복하지 않아서 그런 걸까요?

강아지들한테도 표정이 있습니다. 우울한 표정, 기쁜 표정, 화난 표정 등등. 그런데 우리가 생각하는 것처럼 겉으로 보이는 표정과 실

Happy

Sad

Angry

제 강아지의 감정 상태가 딱 맞아떨어지는 경우는 그렇게 많지 않은 것 같아요. 또 같은 표정을 봐도 사람마다 조금씩 다르게 느끼기도 한답니다.

조금 더 객관적으로 반려견의 감정을 알 수 있는 방법을 알려 드릴게요. 가장 쉬운 건 꼬리를 보는 것인데요, 이때 꼬리 끝을 집중해서 봐야 합니다. 꼬리 끝이 뒷다리 사이로 말려들어 가 있으면 "무서워, 두려워, 몸이 아파." 이런 뜻이고, 꼬리 끝이 뒷다리 바깥으로 살짝 내려가 있다면 편안한 상태란 뜻입니다. 강아지가 정말 기분이 좋다면 이 상태에서 꼬리를 살랑살랑 흔듭니다. 이때도 몸통과 연결된 부분부터 움직이는 게 아니라 꼬리 끝만 살짝, 살랑살랑 움직인답니다.

인상이 좋은 강아지들은 어떤 표정을 지어도 웃고 있는 것처럼 보이잖아요. 반면 코가 짧고 납작한 단두종 같은 경우엔 심지어 기분이 좋아도 우리 눈엔 절대 그렇게 안 보일 수도 있거든요.
너무 염려하지 마시고, 보호자님이 먼저 많이 웃어 주세요. 아니면 개처럼 뛰어노세요! 마치 강아지가 된 것처럼 똑같은 수준으로 놀아 주면 강아지가 너무 기분이 좋아서 웃을지도 모르잖아요? 한번 해 보세요! 개처럼 노시면, 강아지들이 정말 좋아한답니다.^^

Q 
099

강아지는 보호자의 성격을 닮나요?

그럼요!

너무 닮아요. 왜냐하면, 보호자가 키우는 거잖아요.

보호자가 눈치 보면 같이 눈치 보고, 보호자가 대담하게 행동하면 강아지도 똑같이 대담하게 굴고, 보호자가 소심하면 강아지도 소심해요. 한 과학 전문 주간지에 사람이 스트레스를 받을 때 '코르티솔'이라는 호르몬이 나오는데 이걸 반려견이 그대로 느끼고 전달받는다는 연구 결과도 실렸답니다.

많은 강아지들이 보호자의 성격과 행동 등을 굉장히 유심히 관찰하고 또 그 비위를 맞추려고 노력하기 때문에 보호자를 안 닮으려야 안 닮을 수가 없답니다. 그러니 늘 마음을 곱게 쓰세요.^^

Q 100

**사람이 좋아하는 향수 냄새,
강아지도 좋아하나요?**

안 좋아하는 것 같아요.

저와 함께 일하는 반려견 훈련사님들에겐 규칙이 하나 있습니다. 향수를 뿌리지 않는 거예요. 향수를 뿌리면 반려견들이 다가와서 심하게 냄새를 맡는 경우도 있고 아니면 놀라서 짖거나 피하는 경우도 있어요. 그래서 저와 저희 훈련사님들은 향수를 뿌리지 않는 걸 너무 당연하게 받아들입니다.

반려견은 사람과 달라서 향수나 방향제 같은 냄새를 향긋하다고 생각하지 않아요. 왜냐하면 먹을 것하고 상관이 없거든요. 생각해 보면 사람들이 좋아하는 향들도 거의 대부분 먹을 수 있는 것들과 관련되어 있죠. 우리가 아카시아 냄새를 좋다고 생각하는 이유 중 하나도 꿀을 먹을 수 있기 때문이랍니다. 그런데 반려견들은 아카시아 향을 그렇게 좋아하지 않을 거예요. 왜냐면, 먹을 수 없는 거였으니까요.

결론, '향수나 방향제의 향기는 사람이 좋아하는 것이다! 반려견들은 약간 구린 냄새를 좋아한다!' 이겁니다. 강아지한테 사람이 쓰는 향수를 뿌리고 애견 운동장에 데리고 가 보세요. 정말 쑥스러워하고 창피해 할 겁니다. 그러니 이젠 강아지한테 향수 뿌리지 마세요. 아셨죠? ㅎㅎ

생뚱맞은 Q&A

Q 검은 개가 흰 개보다 더위를 더 타나요?

A 저도 궁금합니다!

그래서 수의사님께 여쭤봤거든요? 그런데 아마도 그럴 거라고 하시더군요. 제가 직접 검사를 한 건 아니에요. 혹시 아시는 분 있으시면 연락 주세요. ㅎㅎ

생뚱맞은 Q&A

Q 강아지가 마킹하는 걸 관찰해 보니 항상 오른발만 들더라고요. 강아지한테도 왼발잡이, 오른발잡이 구분이 있나요?

A 솔직히…, 모르겠습니다! ㅎㅎ

제가 아는 몇몇 훌륭하신 훈련사분들께 물어봤는데 다들 잘 모르겠다고 하시더군요. "나도 모르겠어. 왜냐면 '손!' 이러면 어떤 개는 오른손만 주고 또 어떤 개는 왼손만 주는데, 놀 때 보면 모두 다른 발도 함께 사용하면서 재밌게 놀거든." 이런 답변이 가장 많았습니다.
실제로 '손!'이라고 말했을 때 오른발만 주는 강아지가 '스낵볼(굴리면 그 안에 들어 있던 간식이 나오는 공)'을 갖고 놀 땐 왼발로 툭툭 치면서 놀더라고요. 이런 강아지들이 굉장히 많은 걸 보면 왼발잡이, 오른발잡이가 따로 있다기보다 그저 습관인 것 같습니다.
제가 생각할 때는, 보호자가 왼손잡이인지 오른손잡이인지에 따라서 반려견이 그에 맞추는 것 같아요. 저는 오른손잡이니까 동작을 표현하거나 강아지들에게 간식을 줄 때 주로 오른손을 쓰는데, 그런 저한테 익숙해진 강아지는 제가 칭찬해 주려고 할 때면 거의 제 오른쪽 방향에 있을 때가 많습니다. 아마도 반려견이 보이는 오른발잡이, 왼발잡이 경향은 보호자가 어떤 손을 쓰느냐에 달린 것이 아닌가, 저는 그렇게 추측하고 있어요.

PART 06

강아지로 산다는 것

반려견들은
보호자가 자신만 바라보며 살기를 바라지 않아요.
한 인간으로서, 공동체의 일원으로서
건강하고 행복하게 살기를 바라죠.

그렇게 먼저 보호자가 행복한 삶을 누리고
그 행복의 일부를 자신에게도 나눠 주길 바라는 것이지,
오로지 자신에게만 헌신하기를 바라는 반려견은
결코 없습니다.

Q 101

장난감에 관심이 없는 강아지, 이젠 장난감을 졸업한 건가요?

다른 이유가 있을 것 같아요.

세 살 된 스피치를 키우고 있는데요. 두 살까지는 장난감을 던져 주면 물어 오고 혼자서도 씹고 뜯으면서 잘 갖고 놀았는데, 요즘엔 던져 줘도 근처까지 갔다가 그냥 쳐다만 보고 돌아와요. 눈앞에서 흔들어 주면 조금 관심을 보이긴 하는데 그것도 잠깐이고요. 장난감을 갖고 놀아야 스트레스가 해소되는 거 아닌가요? 장난감을 가지고 놀지 않으니까 하루 종일 심심해 보여요.

스피츠나 진돗개, 시바견과 같은 '스피츠 계열'에 속하는 강아지들이 다른 견종에 비해 조금은 장난기가 빨리 사라집니다. 물론 안 그런 강아지도 분명히 있을 거예요.
견종의 특성 때문이 아니라면 집에서 놀 때 그 놀이만 자주 해서 흥미가 떨어진 것일 수도 있습니다. 또 보호자가 앉아서 장난감만 툭툭 던져 줄 경우 강아지가 좀 재미없어 할 수도 있고, 보호자가 장난감을 자주 뺏거나 그랬어도 그 놀이를 잘 하지 않으려고 할 수 있답니다.

제가 추천하고 싶은 놀이가 있는데 일명 '노즈 워크'라고 하는 냄새 맡는 놀이예요.
장난감을 이불 같은 곳에 숨겨 놓고 "찾아!"라고 해 보세요. 그리고 강아지가 장난감을 찾아내면 좋아하는 간식을 하나씩 주는 거예요.
'찾기 놀이'는 어린 강아지부터 노견까지 모두 좋아하는 놀이랍니다. 이 놀이를 많이 해 주면 강아지가 더 좋아할 것 같아요. 한번 해 보세요!

Q
102

사고를 치고 축 처져 있는 강아지, 연기하는 건가요?

그럴 수도 있지만, 아주 본능적인 대처 방법입니다.

잘못했을 때 혼내지 않아도 마치 혼이 난 것처럼 축 처져 있는 강아지들이 있어요. 강아지 스스로 잘못한 걸 아는 건지 아니면 연기를 하는 건지 궁금해하시는 분들이 많이 있는데요.

이럴 땐 이전에 내가 어떻게 행동했는지를 한번 생각해 보시는 게 좋습니다. 강아지를 혼내지는 않았지만 그 앞에서 투덜댔을 수도 있잖아요. "아우, 진짜 너 때문에 못 살겠어!" 이렇게 말이죠. 근데 강아지들은 이런 행동에서도 보호자가 화가 났다는 걸 알아챌 수 있어요.

제가 예전에 이런 경험을 한 적이 있습니다. 한 보호자님의 강아지는 집에 혼자 두면 번번이 쓰레기통을 엎어 놓았답니다. 그런 날은 보호자가 집에 들어가면 뭐라고 하지도 않았는데 강아지가 혼자 주눅이 들어 있었데요. "자기가 잘못한 걸 아니까 혼날 줄 알고 제 눈치를 보더라고요!" 보호자님은 이렇게 말씀하시더군요. 제가 그분한테 이렇게 설명했어요. 이건 자기가 아까 했던 실수를 지금 보호자한테 들켜서 혼이 날까 봐 주눅이 든 게 아니라, 그냥 '보호자님은 외출하고 들어오면 나를 혼낼 거야.' 이렇게 생각해서 그러는 것이라고요. 근데 보호자님은 "에이~, 아니에요! 정말 자기가 잘못한 걸 안다니까요!" 이렇게 말씀하시는 거예요.

그래서 제가 그 자리에서 실험을 해서 보여 드렸어요. 조금 큰 휴지통의 뚜껑을 열어서 바닥에 쓰레기들을 온통 뿌려 놓았죠. 그랬더니 강아지가 아주 천천히 걸어서 소파하고 에어컨 사이에 난 공간 속으로 쏙 들어가더니 주눅이 든 표정으로 엎드려 있더군요. 자기가 쓰레기통을 엎은 것도 아닌데 말이죠.

그 강아지는 알고 있었던 거예요. 쓰레기가 이렇게 너저분하게 널려 있는 상태에서 보호자가 집에 돌아오면 자기가 혼이 날 거라는 걸. 한마디로, 강아지는 자신의 행위를 반추해서 '아, 내가 집을 이렇게 만들어 놓았으니 혼이 나겠지.' 이렇게 생각하는 게 아니라 '집이 이렇게 너저분하면 보호자님은 항상 나를 혼냈어!'라고 생각해서 주눅이 든 것 같은 행동을 보였던 거랍니다.

보호자님도 예전에 자신이 했던 행동을 한번 되돌아 보세요. 도움이 될 겁니다!

Q 103

나이 차이가 많이 나는 강아지들도 친구가 될 수 있나요?

그럼요!!!

물론 강아지마다 조금씩 차이는 있습니다. 사람도 그렇잖아요. 쿨한 분들은 나이가 많든 적든 상관없이 친구처럼 잘 지내기도 하죠. 강아지들도 마찬가지입니다.

나이가 많다고 하면 노견을 말씀하시는 것 같은데, 노견들 중에 몸이 좀 아픈 강아지들은 젊은 강아지하고 친하게 지내는 걸 어려워하기도 합니다. 아무래도 어리고 젊은 강아지들은 몸을 사용해서

뛰어노는 것을 좋아하잖아요. 뛰고, 달리고, 부딪치고 이렇게 노는 걸 좋아하는데 허리가 좀 안 좋거나 다른 관절들이 아픈 노견이라면 격하게 노는 친구들을 좀 어려워할 수도 있답니다.

그래서 노견들은 기본적으로 천천히 다가와 주는 반려견을 좋아해요. 젊은 강아지들 중에서도 조심성이 많은 친구들하고 더 잘 맞는 거죠. 근데 나이가 많아도 에너지가 넘치고 건강한 강아지라면 이런 것들을 별로 신경 쓰지 않을 수도 있습니다.
그리고 또 하나! 만약에 나이와 상관없이 모든 강아지와 잘 어울리게 하고 싶다면 무례하게 행동하는 강아지를 잘 관리해 주셔야 해요. 다른 강아지들하고 만나서 놀 때 그냥 "너희끼리 한번 친해져 보렴!" 이런 식으로 방치하기보다 보호자가 나서서 강아지들끼리 서로서로 예의 있게 행동할 수 있도록 잘 교육해 주셔야 한답니다.

이렇게만 하면 시간이 좀 걸리더라도 나이, 성별, 견종 등과 상관없이 모두 친구가 될 수 있습니다. 나이 많다고 무시하지 마시고요, 다 친구가 될 수 있어요!

Q 104 

저녁에만 산책하면 강아지가 우울해 할까요?

음…….

💬 사람이 오랫동안 햇볕을 쬐지 않으면 우울해지기 쉽듯이 매번 저녁에만 산책하러 나가면 강아지도 우울해 할까요?

이게 햇빛 때문인지는 모르겠지만 반려견들은 어두운 상태에서 산책을 하는 것보다는 해가 떠 있을 때 산책하는 걸 좋아합니다. 어두운 상태에서는 온갖 빛들이 이리저리 움직이고 안 보이던 사람이 갑자기 나타나고 하잖아요. 강아지들은 이런 걸 조금 두려워할 수 있어요. 덧붙여서, 사회성이 좀 덜 발달했거나 소극적인 강아지들은 저녁에 산책할 때 좀 우울한 것처럼 보일 수도 있답니다.

근데 직장에 다니는 분들은 아침 일찍 강아지와 함께 산책 가는 게 너무 힘든 일이잖아요. 대부분 퇴근한 후에 씻고, 밥 먹고, 그러고 나서 산책을 나가게 되니까 항상 해가 진 저녁일 수밖에 없는 거죠.

이번 기회에 강아지를 데리고 낮에 한번 산책을 해 보세요. 그럼 강아지의 표정이 조금 달라질 수 있을 것 같아요. 똑같은 산책 코스를 저녁이 아닌, 해가 떠 있을 때 걸어 다니면 우울해 한다거나 약간은 소극적으로 보이던 행동들이 좀 덜할 수도 있답니다.

Q

105

오래된 장난감을 버리면 강아지가 속상해 하나요?

조금 애매합니다.

저희 다올이는 숨기고 찾아오는 놀이를 무척 좋아합니다. 그 놀이를 할 때마다 쓰던 장난감이 있는데 그래서인지 제가 그 장난감만 손에 들면 너무 신나 해요. 뭘 할지 아니까요. 이런 작은 것들이 강아지들한테는 행복감을 주죠. 강아지들은 그저 오래된 장난감을 좋아하는 게 아니라 좋은 추억이 깃든 장난감을 좋아합니다.

근데 다올이가 좋아하던 그 장난감을 제가 버렸어요. 나중에 보니까 다올이가 그 장난감이 담긴 큰 쓰레기봉투 주위를 자꾸 기웃거리고, 막 파고, 코까지 박고서 킁킁거리는 거예요. 저는 그것도 모르고 안에 음식물이 들어 있어서 그러나 하고 못 하게 했는데 어떻게 하다가 봉투가 그만 뜯어지고 말았어요. 치울 생각에 좀 짜증이 난 상태로 다가가 봤더니 글쎄 안에 그 장난감이 들어 있는 거예요.
다올이가 먼저 발견하고는 장난감을 입에 물고 저한테 오더라고요.
그 모습을 보고 있자니 다올이한테 미안해지더군요.
저도 다른 보호자들처럼 장난감이 지저분하고, 냄새도 나고, 침이 너무 많이 묻어 딱딱해진 것 같아 버렸는데 다올이는 그 장난감에 좋은 추억이 많았던 거죠.

어, 근데 전 그 장난감을 다시 버렸습니다. ㅎㅎㅎㅎ
다른 장난감으로 놀아 주니까 금방 잊던걸요. 아마 다른 강아지들도 새로운 장난감으로 재밌게 잘 놀아 주면 금세 잊지 않을까 싶습니다. 강아지는 장난감 자체보다 보호자가 그 장난감으로 자기랑 얼마나 재밌게 놀아 주느냐가 더 중요하니까요. 저는 냄새가 너무 많이 나서 버렸어요.

이야기를 아름답게 못 끝냈네요. 죄송합니다.

Q 106

배를 긁어 주면 다리를 파닥거리는데 더 해 달라는 뜻인가요?

그럴 수도 있고, 아닐 수도 있습니다.

간지러워서 그러는 겁니다. 사람으로 치자면 갈비뼈에 해당하는, 강아지들의 늑골 쪽을 천천히 긁어 주면 뒷다리를 막 허우적거리는 행동을 하는데 이건 어떤 걸 해 달라는 요구의 뜻보다는 '엄청 간지러워! 아우, 간지러워!' 이러는 거예요. 좀 예민한 친구들은 그러다 벌떡 일어나 버리기도 하고, 골든 레트리버 같은 종들은 그냥 발로 살짝 '통통통' 치기도 한답니다.

사연을 보내 주신 보호자님의 반려견은 진돗개인데 이 친구들은 다른 견종에 비해 상대적으로 조금 더 예민하니까 심하면 긁어 주고 있는 보호자의 손을 밀어내기도 할 겁니다. '윽, 간지러워!' 이러면서 뒷다리로 쓱 밀어내겠죠. 그러니까 배를 긁어 줄 때 다리를 파닥거리는 건 더 만져 달라는 뜻은 아니고요, 아마도 그냥 보라는 뜻일 겁니다.

실제로 가슴을 토닥토닥 해 주는 것까지는 괜찮은데 하복부에 해당하는, 뼈로 둘러싸여 있지 않은 배 부분을 만지려고 하면 조금 움찔거리는 듯한 행동을 보이는 친구들도 있을 거예요. 그쪽은 진짜 예민해 하니까 조심하세요. 강아지가 배를 보인다고 해서 무조건 만져 달라는 뜻은 아닙니다. 그럴 땐 슬쩍 피해 주거나 그냥 옆에 가만히 앉아 있어 보세요. 그러면 아마도 강아지가 일어나서 보호자님 옆에 슬쩍 기대지 않을까 싶어요.

배를 보인다고 무조건 만져 달라는 건 아니라는 것, 그것만 주의해 주세요.

Q 107

신혼부부인데 강아지 앞에서 애정 표현을 해도 되나요?

그럼요, 하셔야죠~.

강아지가 보호자의 애정 행각(?)을 지켜봐도 되는지 궁금해요. 저희는 신혼부부인데요, 저랑 남편이 뽀뽀만 하면 막 하울링을 하면서 남편 입을 핥아요. 그 밖의 스킨십을 할 때도 빤히 쳐다봐서 좀 민망합니다. 그래서 문을 닫고 둘만 있으면 열어 달라고 마구 긁어요. ㅠㅠ 어떻게 해야 할까요?

예전에 똑같은 문제를 가진 보호자와 상담을 한 적이 있었는데요,

그때 전 당당하게 “강아지 신경 쓰지 말고 하세요!” 이렇게 말씀드렸답니다. 강아지가 계속 귀찮게 하고 방해하면 내보내고 두 분이서 충분히 사랑을 나누시라고 조언을 드렸어요.
보통 강아지들이 이렇게까지 반응을 하지는 않는데, 뭐가 얼마나 불안하다고 하울링까지 하고 그러는 건지…. 어쨌든 적당한 애정 표현은 괜찮고요, 강아지가 너무 심하게 방해를 하면 강아지는 내보내고 하시면 될 것 같습니다.

강아지들은 보호자들의 이런 행동을 가끔 오해하는 경우가 있어요. 서로가 서로를 문다고 생각하거나 둘이 막 싸우는 걸로 착각하는 경우가 많아서 자기가 말려야겠다는 생각에 두 사람 사이에 끼어들기도 하고, 심하면 둘이 딱 붙어 앉지도 못하게 소파 중간에 앉기도 한답니다.

애정 표현을 조금 더 부드럽게 해 주시면 강아지가 마음이 좀 덜 아프지 않을까 싶어요. 그리고 이 강아지가 분리되는 연습이 안 되어서 그럴 수도 있거든요. 혹시 떨어져서 자는 연습도 해 보셨나요? 가끔은 보호자와 분리된 채로 강아지 혼자 거실에서 잘 수도 있어야 한답니다. 신혼부부라거나 곧 아기가 태어날 가정이라면 강아지가 거실에서 혼자 자는 연습을 미리 해 놓으세요. 그러면 이런 문제는 얼마든지 예방할 수 있습니다.

Q 108

아픈 곳을 치료해 줄 때 자신을 괴롭힌다고 느낄까요?

에효, 그럴 수도 있어요.

반려견들에겐 기본적으로 '치료'라는 개념이 없습니다. 사람들은 잘못된 것이 있으면 스스로 치료도 하고 교정도 하잖아요. '아우, 내가 자세가 안 좋구나. 자세를 좀 바르게 해서 허리 통증을 완화시켜야지.' 이렇게 말이죠. 근데 강아지들은 허리가 삐뚤어져 통증이 있어도 '노력해서 교정을 좀 해 봐야지.'라는 생각은 하지 못한답니다.

그렇다 보니 어딘가 다쳤을 때 자신을 치료해 주는 의사 선생님한테도 이빨을 보이며 으르렁거리는 거예요. 강아지들한테 병원에 갈 때마다 아프고 무서운 치료만 하는 게 아니라 재미있는 일도 있다는 걸 경험하게 해 주면 병원에 가는 걸 덜 힘들어 할 수도 있습니다.

진료 받고 치료 받을 때만 병원에 가면 강아지는 '병원에 가면 주사 맞는다, 따가운 소독을 한다.' 이런 것만 강하게 느낄 수 있으니 평소에 작은 간식 하나를 살 때도 강아지와 놀러가듯이 병원에 들러 보세요. 이렇게 하다 보면 강아지들이 훨씬 나아지지 않을까 싶어요. 아픈 치료를 할 때만, 주사를 맞을 때만 병원에 가면 어떤 강아지들은 정말 자신이 괴롭힘을 당한다고 느낄 수도 있으니 주의하시면 좋겠어요.

Q
109

강아지도 사람을 차별하나요?

다르게 대하기도 해요.

저희 집 강아지는 제가 밖에 나갔다가 들어오면 조용해요. 아주 가끔 달려와서 반기는데 부모님이 들어오면 짖기도 하고 막 달려 나가서 반깁니다. 저, 차별 당하고 있는 건가요?

분명히 차이가 있네요. 자신은 반기지 않으면서 어머니, 아버지가 오실 때 막 반가워하고 그러면 조금 섭섭할 것 같아요. 그런데 주변 상황을 좀 살펴볼 필요가 있어요. 지금 사연을 보내 주신 보호자님이 집에 들어오실 땐 강아지가 혼자 집을 지키고 있는 상태에서 맞이하는 거고, 부모님이 들어오실 때는 보호자님이 강아지와 함께 집에 계신 상태이니까 약간 상황이 다르잖아요. 아마도 혼자 있는 것에 대한 스트레스가 남아 있을 때 보호자님이 들어오니까 즉각적으로, 정답게 반기지 못한 것일 수도 있어요.

아니면 보호자님이 집에 들어온 게 강아지 입장에선 그냥 아무렇지 않게 느껴진 것일 수도 있습니다. 보호자님이 외출하더라도 늘 건강하게 돌아온다는 걸 아니까 강아지가 걱정할 필요가 없다고 생각해서 그럴 수도 있답니다. 너무 염려하지는 마시고요.

이렇게 한번 해 보세요. 나갔다 들어오시면 거실에 앉아서 강아지에게 손 냄새를 맡게 해 주시고 억지로 오라고 부르지는 마세요. 만약 손을 내밀었는데 강아지가 오지 않는다면 그냥 가만히 계세요. 반대로 강아지가 다가오면 번쩍 들어서 안거나 잡지 말고 그냥 살짝 쓰다듬어만 주세요. 부드럽게 만져 주다가 강아지가 좋아하는 간식을 하나 주셔도 좋아요. 아셨죠?

이렇게 하면 강아지가 보호자님이 왔을 때 굉장히 반기면서 좋아하지 않을까 합니다.

Q 110

보호자의 눈물을 핥아 주는 강아지, 위로해 주는 건가요?

저는 그렇게 믿고 있습니다.

보호자가 눈물을 흘리면 '왜 그래? 무슨 일 있어?' 이런 의미로 얼굴을 핥아 주는 강아지들이 있어요. 또 어떤 친구들은 울고 있는 보호자 옆에 똬리를 틀고 앉아 있기도 하죠. 모두 슬퍼하는 보호자를 위로해 주려고 하는 행동이에요.

반려견들은 보호자의 감정을 파악하는 데 아주 놀라운 능력을 가지고 있습니다. 강아지들은 보호자가 어떤 감정인지, 어떤 상황인지

를 보호자의 표정을 보고 아는 게 아니라 냄새나 직감으로 알아챈답니다.

우는 모습을 너무 자주 보여 주는 건 좋지 않습니다. 왜냐하면 반려견들은 그 상황에 어떻게든 대처하려고 하거든요. 보호자를 위로해 주는 것에서 끝나지 않고 무엇이 문제인지 고민을 하기 때문에 결과적으로 강아지가 조금 더 예민해지거나 우울한 성격이 될 수도 있어요. 더 나아가 주변 환경으로부터 보호자를 지키려고 하는 마음이 더 강해지기도 하죠.

사람들은 가끔 누구한테도 보여 주지 못한 자신의 슬픔과 눈물을 반려동물 앞에서 드러내기도 합니다. 그런데 이런 일들이 너무 잦거나 자신의 감정을 항상 강아지에게 다 쏟아 버리면 결국 그 고통을 모두 반려견이 떠안게 되죠. 이러다 보면 나중엔 보호자보다 강아지가 더 힘들어 하는 상황이 생길 수도 있답니다.

가끔 반려견에게 위안을 받는 것은 좋지만 습관처럼 강아지에게 자신의 감정을 모두 쏟아 버리는 것은 경계해야 합니다. 그래야 보호자와 반려견 모두 건강한 관계를 만들어 갈 수 있답니다.

Q
111

강아지도 실수했을 때 창피해 하나요?

아니요.^^

강아지가 귀엽고 웃긴 실수를 할 때 그걸 보고 제가 웃으면 '컹!' 하면서 한 번 짖거나 머리로 저를 꾹꾹 밀어요. 자기를 놀린다고 마음이 상한 걸까요? 강아지도 실수를 하면 창피해 하나요?

음…, 그렇지 않습니다. 강아지가 창피해 한다면 아마 굉장히 많은 일들이 일어날 거예요. 방귀를 뀌고 난 뒤 부끄러워하면서 숨는다든지, 배변도 보호자가 보고 있을 땐 절대 안 한다든지 말이죠. 반려견들한테는 체면 같은 게 없기 때문에 창피해 하지 않습니다. 아마도 보호자가 웃으면 강아지도 좋아서 자길 놀리는 줄도 모르고 "같이 놀아요~, 같이 즐거워하자고요!" 이러는 것 같으니까 걱정 안 하셔도 된답니다.

이런 친구들은 보호자가 박수를 친다거나 몸동작을 크게 할 때도 컹컹거릴 수 있어요. 이런 행동이 자칫 어린아이들에겐 위협으로 느껴질 수 있으니 평소에 앉은 자세로 좀 오래 기다리는 것과 같은 예절 교육을 잘 해 두시면 좋을 것 같아요.

어쨌든 이런 행동은 괜찮습니다. 너무 귀엽기도 하고요. 강아지들은 창피해 하지 않으니까 강아지와 함께 많이 웃으세요!

Q 112

큰 간식을 주면 더 큰 칭찬을 받았다고 생각할까요?

아, 그렇긴 한데 조금 달라요!

간식을 많이 주면 강아지가 더 좋아할 거라고 생각하시는 분들이 많이 있습니다.

실제로 반려견 교육을 할 때 마무리 교육은 이렇게 많이 합니다. 훈련사가 '마지막으로 한 번만 더 하고 교육을 끝내야지!'라고 생각하고 있을 때 강아지가 교육 내용을 잘 따라해 주면 남은 간식을 다 주는 거죠. 이렇게 하면 강아지가 정말 좋아하기도 하고 또 교육 자체도 즐겁게 마무리되는 효과가 있답니다. 근데 교육을 하는 중간에 간식을 듬뿍 준다든가 또는 엄청나게 맛있는 간식을 주면 그 다음부터는 간식이 가진 보상력이 뚝 떨어집니다. 그래서 반려견 교육을 할 때는 가능하면 간식을 마지막에 주는 게 전반적으로 교육 효과가 좋습니다.
또 하나, 소고기나 닭고기 말린 것 등 강아지가 특히 좋아하는 간식들은 주로 새로운 걸 배울 때 사용합니다. 새롭게 배운 것을 반복해서 연습할 때는 그것보다 조금은 덜 좋아하는 간식을 주로 주죠.

팁을 하나 드리자면, 평소 강아지가 좋아하는 간식에 순위를 매겨 놓으면 훨씬 효과적으로 이용할 수 있습니다. 평상시에는 A라는 간식을 주고 너무 잘할 때는 B라는 간식을 주는 거죠. 이렇게 하면 강아지들이 B 간식을 받았을 때 '와, 내가 정말 잘했나 봐! 우리 보호자님이 나한테 엄청 맛있는 간식을 줬어.' 이렇게 생각하게 된답니다.

이 방법을 이용해 강아지 교육을 하면서 보호자님의 실력을 쌓아 나가 보세요. 꾸준히 하다 보면 내 강아지가 좋아하는 게 뭔지, 언제 어떻게 보상하는 것이 가장 효과적인지 금세 알아낼 수 있을 겁니다.
대부분의 강아지들은 먹을 것을 좋아하지만 간식보다 공을 더 좋아하는 레오 같은 녀석들도 있답니다. 우리 강아지는 어떤 취향을 가지고 있는지 한번 알아내 보세요. 교육하는 데 많은 도움이 될 겁니다.

Q 113

강아지도 복수를 하나요?

복수를 하는 견종은 없는 것 같습니다.

산책하다가 실수로 강아지 발을 밟았는데 집에 도착하자마자 제 손을 물어 버렸어요. 절대 주인을 안 무는 강아지인데 복수를 한 걸까요?

우선 물리셨다니까 제 마음도 너무 아프고요. 음…, 강아지들이 '복수'라는 감정을 갖기는 정말 힘들어요. 왜냐면 내가 이 불편함을 '왜' 겪었는지, '누구' 때문에 겪었는지 파악할 수 있어야 복수의 감정을 가질 수 있을 텐데 개들에겐 이런 능력이 없거든요. 예를 들어

저녁밥을 두 시간 늦게 준다고 해서, 강아지가 '아, 오늘은 보호자님이 어떤 이유 때문에 밥을 늦게 준 거구나!' 이런 식으로 생각하지는 못하거든요.

강아지가 보호자의 손을 문 건 아마도 이런 걸 거예요. 밟힌 발이 계속 아팠는데 보호자님이 집에 돌아와서 강아지의 가슴줄을 풀거나 옷을 벗기는 도중에 그 발을 만졌을 가능성이 커요. 그 순간 강아지는 아프니까 "그렇게 하지 마세요!" 이런 의미로, 보호자를 막 물려고 한 게 아니라 경고를 보낸다는 의미에서 입으로 툭하고 쳤을 거예요. 이런 행동을 '마우스 펀치mouth punch'라고 한답니다.

이런 이유 때문에 강아지가 그렇게 행동했을지도 몰라요. 만약 저였다면 '우리 강아지가 발이 아직도 아픈가 보다.' 이렇게 생각하고 동물병원에 데려가지 않았을까 싶습니다. 아파서 그랬을 수 있어요. 복수는 아닐 겁니다.

Q 114

청소기만 보면 짖는데 청소할 때 가두어 놓아도 되나요?

그것도 방법일 수는 있겠네요.

대부분의 반려견들이 '우웅~'하는 청소기 모터 소리를 무척 무서워한답니다. 이 소리만 들리면 청소기가 자신을 쫓아올까봐, 자신한테 어떤 위해라도 가할까봐 두려워하는 친구들이 많죠. 근데 이건 충분히 극복이 가능한 문제입니다. 이렇게 한번 해 보세요.

먼저 청소기를 방 한가운데 갖다 놓으세요. 이 모습만 봐도 '어, 청소하려고? 그럼 나도 짖을 준비를 할까?' 이러면서 강아지가 긴장할 수 있어요. 그때 청소기를 켜지 말고 다시 갖다 놓는 겁니다. 그러면 '어? 왜 청소 안 하지?' 이러면서 반려견이 깜짝 놀라요. 이 동작을 몇 번 반복해 주시면 돼요.

만일 강아지가 방 가운데 있는 청소기를 보고도 흥분하지 않고 짖지도 않는다면 그때 청소기를 약하게 켜 보세요. 이때 중요한 건 청소기를 켠 채로 그냥 바닥에 내려놓아야 한다는 겁니다. 그러면 청소기 혼자 소리를 내고 있을 텐데 이 상태에서 강아지가 긴장한 모습을 보이더라도 그냥 가만히 두세요. 그러다 강아지가 짖지 않고 얌전하게 행동하면 그때 청소기를 끄세요. 이 동작을 반복하면 강아지들이 청소기 때문에 긴장하는 일이 훨씬 줄어들 겁니다. 분명히 효과가 있을 거예요.

이런 연습이 충분이 되지 않은 상태에서 급하게 청소를 할 일이 생겼다면 청소기를 돌리는 동안 가족 중 한 분이 강아지를 데리고 산책을 나가시는 게 좋습니다. 근데 연습도 안 된 상태이고, 주위에 강아지를 데리고 산책 나가 줄 사람도 없다면 이렇게 해 보세요.

먼저 강아지에게 줄을 매세요. 그리고 그 줄을 보호자의 허리춤에 묶는 겁니다. 그런 상태에서 한쪽 손엔 청소기를, 다른 손엔 강아지 줄을 좀 짧게 잡고 청소를 하시면 돼요. 처음엔 강아지가 겁먹고 짖기도 할 텐데요, 중요한 건 강아지가 얌전해졌을 때 청소기를 끄고 줄을 풀어 주는 거예요. 시끄럽게 짖고 불안해할 때 청소기를 끄는 게 아니라 침착하고 얌전하게 행동할 때 끄는 겁니다.

이렇게 하다 보면 청소기 소리에 대해 강아지가 가지고 있던 트라우마나 공포심도 극복될 수 있답니다. 아셨죠? 꼭 한번 해 보세요!

Q 115

터그 놀이할 때 으르렁대는 건 그만하자는 뜻인가요?

아닙니다!

'터그 놀이'를 모르시는 분이 계실지도 모르니까 짧게 설명하자면, 강아지가 좋아하는 헝겊이나 장난감, 인형 등을 가지고 서로 줄다리기하는 것처럼 뺏겨 줬다가 다시 뺏었다가 하는, 장난감을 가지고 강아지랑 서로 밀고 당기면서 하는 놀이랍니다.

이때 강아지들이 기분이 너무 좋거나 승부욕이 올라오면 장난감을 입에 문 상태로 '으르렁~, 크르렁~' 이런 소리를 내요. 근데 이 소리는 지금 놀이를 무척 열심히 하고 있다는 의미랍니다. 사람으로 치면 "으쌰! 영차!" 이러는 소리니까 너무 염려하지 말고 강아지랑 재밌게 노세요.

터그 놀이 중에 이런 소리를 낸다고 보호자가 갑자기 그만 두면 강아지 입장에선 무척 화가 날 거예요. 너무 재밌게 놀고 있었는데 갑자기 보호자가 장난감 놓고 가 버리니까 강아지는 얼마나 황당하겠어요. 그러니 강아지가 으르렁거린다고 오해하지 마시고 재밌게 놀아 주세요. 강아지가 으르렁거리면 같이 소리를 내 주셔도 좋아요. "으르렁! 크르렁!" 이렇게 소리까지 내며 놀아 주는 보호자라면 아마도 강아지한텐 최고의 친구가 되지 않을까요? 보호자가 이렇게 재밌게 놀아 주면 강아지는 터그 놀이를 정말 사랑하게 될 겁니다. 맨날 장난감을 입에 물고 와서 같이 놀자고 할지도 몰라요.

걱정하지 마시고 재밌게 노세요!

Q
116

강아지들도 연애를 하나요?

네!

개들에게도 연애 혹은 연인이라는 개념이 있나요? 영상을 하나 보았는데, 어떤 강아지가 다른 개들한테는 무관심한데 특정 개하고만 유독 알콩달콩 하더라고요.

유독 사이가 좋은 강아지 친구들이 있습니다. 이런 관계를 살펴보면 대부분 동성보다는 이성인 경우들이 많죠. 아무래도 자주 만나다 보면 궁합이 잘 맞게 되고 서로 익숙함이나 친근함을 많이 느낄 텐데 이런 모습이 사람들 눈에는 마치 연인처럼 보일 수도 있을 것 같아요.

이럴 때 조심해야 할 것이 하나 있습니다. 친한 친구를 자칫 자기가 '보호해야 하는 대상'으로 착각하는 경우예요. 이런 생각을 하게 되면 다른 강아지들을 만날 때 문제가 생길 수도 있답니다. 둘이 친하게 지내는 건 좋은데, 서로가 서로를 소유했다는 착각을 하지 않게끔 일정 정도 관계를 떨어뜨려 놓는 것도 중요해요. 좀 어렵죠? 이런 문제는 다견 가정을 교육할 때 종종 겪는 것이기도 합니다.

이런 문제를 예방하려면 평소에 사이가 좋은 몇몇하고만 놀 게 아니라 다른 강아지들하고도 친하게 지낼 수 있게 폭넓은 기회를 제공해야 합니다. 보호자들도 '어, 쟤 우리 강아지하고 연인 관계 아니었어?', '왜 우리 강아지 말고 다른 강아지하고 놀지?' 이런 생각 대신 '사이좋은 친구네.', '두루두루 사귀는 것이 좋지!' 이렇게 생각하셨으면 좋겠습니다.

친한 친구가 생기는 건 나쁘지 않아요. 권장합니다. 모두 연애하세요~.

Q

117

TV 속 동물을 보고 짖는 강아지, 집에 들어왔다고 생각할까요?

들어왔다고 생각하는 건 아니에요. 그런데….

TV에 강아지나 다른 동물들이 나오면 짖어대는 강아지들이 있어요. 어쩔 땐 사람이 나와도 짖죠. 그럼 강아지들은 TV 속 동물이나 사람들이 자신의 집에 들어왔다고 생각하는 걸까요? 사실 들어왔다고 생각해서 짖는 건 아니랍니다. 그 개가 TV 안에 있는 건지 아니면 밖에 있는 건지 정도는 개들도 구분할 수 있거든요.

저희 바로도 예전에 사람 얼굴이 TV에 크게 나오면 긴장하거나 경계할 때가 자주 있었어요. 그때마다 저는 그냥 바로 옆으로 가서 가만히 서 있거나 "아무것도 아니야, 신경 쓰지 마. 저건 그냥 가상의 강아지야~."라는 식의 행동을 많이 보여 주었죠.
이때 중요한 건 강아지를 안심시키기 위해 보호자가 너무 급하게 서두르면 안 된다는 겁니다. 흥분된 상태로 말하거나 행동하는 것도 좋지 않아요. 그냥 평소처럼 강아지하고 집 안을 왔다 갔다 움직이는 것이 강아지를 안정시키는 데 더 도움이 될 겁니다.

TV에 강아지가 나올 때마다 간식을 하나씩 주어서 그 순간을 '간식 먹는 시간'과 연결시키면 훨씬 더 잘 극복할 수 있을 거예요. 이런 불안한 행동들은 없애는 게 아니라 극복하는 거니까 평소 관련된 교육들을 꾸준히 해 주시면 도움이 많이 되지 않을까 합니다.

Q

118

이불이나 매트를 핥아요.
냄새 때문인가요?
아님 배가 고픈 걸까요?

배가 고픈 건 아니에요!

간혹 강아지가 이불이나 매트를 핥는 경우들이 있습니다. 더러운 게 묻어서 그런가 아니면 배가 고파서 그런가 궁금하실 텐데요. 보호자가 이불에 침을 흘리고 자서 그래요, 농담이고요. ㅎㅎ
근데 가끔은 진짜로 그럴 수도 있어요. 저희 다올이도 가끔 침대의 이불을 계속 핥아서 '왜 그러지?'하고 들여다보면 제가 침을 흘렸더라고요.

강아지들이 이런 행동을 할 때 좀 의심해 봐야 할 것이 있긴 해요. 다올이는 몸의 어떤 부분에 이상이 있을 때 그런 식으로 표현하거든요. 여러 가지 검사를 통해서 진찰해 보니, 허리가 아프거나 당수치가 높아졌을 때 이런 행동을 했던 거였어요.

첫 번째로 할 수 있는 건, 입을 다물고 자는 거예요. 가장 간단한 방법이죠. 아니면 베개 커버라도 자주 바꿔 주세요. 이런 것들을 먼저 해 보고 그래도 강아지가 같은 행동을 반복한다면 그땐 병원에 가서 강아지의 건강을 체크해 보셔야 해요. 간단한 것들, 내가 할 수 있는 것들부터 하나씩 해 가다 보면, 강아지가 그러는 게 정말 이불이 더러워서인지 아니면 건강에 문제가 있어서인지 알 수 있을 거예요!

Q 119

산책 중 돌아보는 강아지, 보호자가 따라오는지 확인하는 건가요?

네. ㅎㅎㅎㅎ

강아지와 산책을 하다 보면 앞서가던 녀석이 자꾸 뒤를 돌아보는 행동을 할 때가 있죠. 이게 무슨 의미인지 궁금해하는 분들이 많은데요.

저 같은 경우는 그렇게 강아지가 뒤돌아볼 때 좀 감동을 받아요. 왜냐면, 사람들은 뒤처지는 사람이 있으면 빨리 좀 오라고 그러잖아요. 근데 반려견들은 빨리 오라고 잔소리하지도 않고, 재촉도 안 하고, 그냥 먼저 가다가 뒤돌아서서 가만히 쳐다봐 주고, 뒤에 있는 이가 어느 정도 따라오면 다시 돌아서서 걸어가고 그러잖아요.

이런 행동은 보호자가 잘 따라오는지 확인하는 거예요. 그러면서 자기가 서 있는 곳까지는 안전하다고, "여기까지는 괜찮아!" 이렇게 알려 주는 거죠. 정말 예쁘지 않나요?

Q 120

강아지에게 사랑한다고 전할 방법이 있을까요?

그럼요!

가끔 강아지가 너무 사랑스러워서 껴안거나 뽀뽀를 해 줄 때가 있는데요. 강아지는 껴안으면 싫어한다고 들었습니다. 사랑하는 마음을 어떻게 전달하면 좋을지 알려 주세요.

반려견들은 보호자가 얼마나 건강한지 항상 염려하고 걱정합니다. 건강하다는 게 다양한 의미가 있는데, 좋은 음식 드시고, 규칙적으로 운동도 하시고, 좋은 생각도 많이 하시면 곁에 있는 반려견들이 무척 편안해 할 겁니다. '우리 보호자가 좋으니까 나도 그냥 좋아.' 이렇게 말이죠.

한번 생각해 보세요. 어렸을 때 부모님께서 기분이 좋으시면 우리도 덩달아 기분이 좋았잖아요. 부모님 표정이 안 좋으면 나도 괜히 기분이 울적하고 그랬죠. 이런 것처럼 반려견의 행복을 위해서는 보호자 가족들이 먼저 건강하게 사는 것, 건강하게 사회생활을 하는 것이 중요하답니다. 사실 반려견들은 보호자가 자신만 바라보며 살기를 바라지 않아요. 한 인간으로서, 공동체의 일원으로서 건강하고 행복하게 살기를 바라죠. 그렇게 먼저 보호자가 행복한 삶을 누리고 그 행복의 일부를 자신에게도 나눠 주길 바라는 것이지, '당신은 나한테만 헌신해! 나한테만 매달려서 무조건 정성을 쏟아 줘!' 이런 것을 바라고 요구하는 반려견은 결코 없습니다.

그러니 보호자님이 먼저 건강한 삶을 사시고, 행복하시고, 항상 웃으시고, 주변 분들하고도 잘 지내시고 그러면 강아지는 덩달아 너무 행복할 거고 정말 사랑받는 기분을 느낄 겁니다. 아셨죠?^^

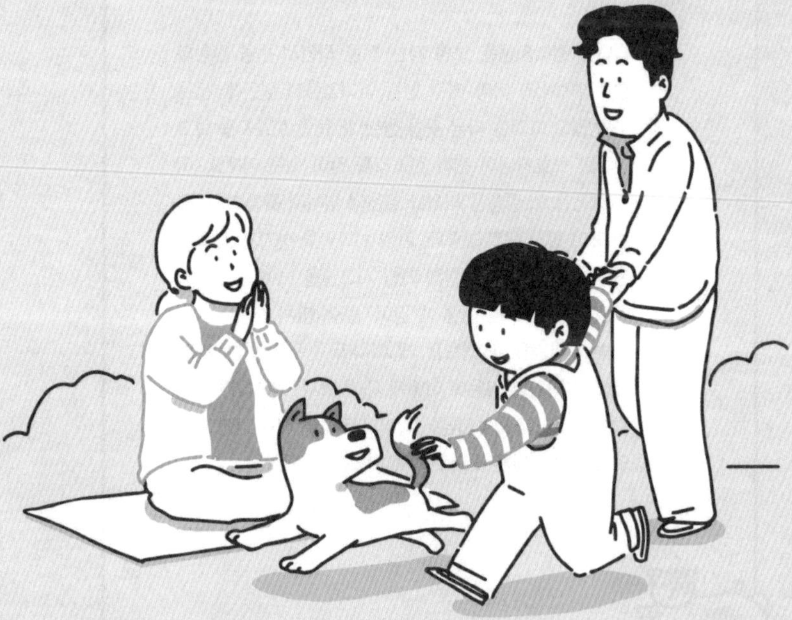

생동맞은 Q&A

Q 강아지도 사람을 째려보나요? 저희 강아지는 혼날 때마다 절 째려보는데 정말 그런 건지 궁금합니다! ㅠㅠ

A 그럴 리가요~. 왜 혼내요? 혼내니까 째려보죠!!!

겁먹은 강아지들은 보통 자는 척을 하면서 눈을 천천히 깜빡깜빡해요. 아마 이런 행동 아니었을까 싶은데, 몸은 꼼짝 않고 고개는 다른 곳을 향한 채 눈만 보호자를 보고 있다면 보호자님이 진짜 잔소리를 많이 했던 거예요. 이런 행동은 이 상황을 피하고 싶은데 피하지 못할 때, 어떻게 해야 할지 모르겠을 때, 카밍 시그널을 하기가 좀 어려울 때, 그리고 보호자한테 카밍 시그널을 보여줘 봤자 알아채지도 못할 때, 이럴 때 강아지들이 마치 째려보는 것처럼 쳐다봐요. 째려보는 게 아니라 눈치를 보는 거죠. '빨리 도망가고 싶은데 어떻게 해야 하지? 피할까? 도망갈까?' 그러다 보호자님이 일어나서 다른 데로 가면 자기도 쏜살같이 다른 곳으로 피해 버리는 거죠.

혼내지 마세요. 왜 혼내요? 어떤 것 때문에 혼낸 거예요? 솔직히 강아지를 혼낼 이유가 많지 않아요. (생각 중…) 보통 없는데, 많이 없어요. 정말 없어요.

어, 며칠 전에 제가 라면을 끓여 먹으려고 봉지를 딱 뜯었는데 레오가 그 라면을 꿀꺽 먹었어요. 뜯어서 싱크대 위에 올려놓았는데 점프해서 먹은 거예요. 다행이 면만 먹고 스프는 안 먹었어요. 근데, 화가 나더라고요! 그때 제가 라면이 정말 먹고 싶었거든요. 우리 동네는 슈퍼도 멀리 있는데, 하나 남은 라면을, 그 귀한 것을 레오가 꿀꺽….

저는 보통 라면을 밤 12시에 먹어요. 아내가 잘 때 몰래 먹어야 하니까요. 조용히 불 위에 냄비를 올려놓고 김치를 꺼내고, 물이 끓어서 막 라면을 넣으려고 하는데, 그때 레오가…, 으악!!!

그날 밤은 레오 덕분에 강제로 다이어트를 했습니다. 그래도 어떡해요? 제 잘못인 걸. 라면을 좀 더 안쪽에다 놓았어야 했는데, 우씨. ㅠㅠ

어쨌든, 혼내지 마세요. 아셨죠? 그러면 째려보는 것도 많이 없어질 겁니다.^^

내 강아지 마음 상담소

1판 1쇄 발행 2019년 11월 15일
1판 6쇄 발행 2024년 5월 20일

지은이 | 강형욱
펴낸이 | 이정훈, 정택구
책임편집 | 박현아
일러스트 | 원동민

펴낸곳 | 혜다
출판등록 | 2017년 7월 4일(제406-2017-000095호)
주 소 | 경기도 파주시 산남로 195번길 11
대표전화 | 031-901-7810 **팩스** | 0303-0955-7810
홈페이지 | www.hyedabooks.co.kr
이 메 일 | hyeda@hyedabooks.co.kr
인 쇄 | (주)재능인쇄

ISBN 979-11-967194-2-5 13490

이 도서의 국립중앙도서관 출판시도서목록(CIP)은 서지정보유통지원시스템 홈페이지(http://seoji.nl.go.kr)와 국가자료공동목록시스템(http://www.nl.go.kr/kolisnet)에서 이용하실 수 있습니다.(CIP제어번호: CIP2019042824)